U0187342

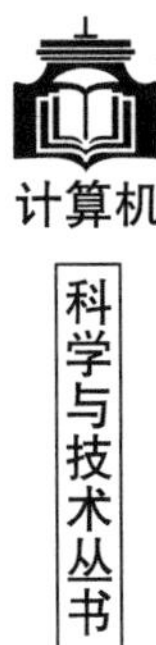

Rust编程
从入门到实战

樊少冰 孟祥莲 ◎ 编著

清華大学出版社
北京

内 容 简 介

本书是一部 Rust 编程语言的编程手册，第 1~3 章为 Rust 前置知识，介绍了开发环境搭建、第一个 Rust 程序以及语言的输入输出；第 4~16 章为 Rust 基础语法知识，介绍了 Rust 基础的语法和必要的语言使用规则，其中包括 Rust 所有权、生命周期以及特性等重要语言概念的介绍；第 17~27 章为 Rust 实用操作，介绍了文件与 I/O、无畏并发、Web 编程等重要的经典开发实战以及属性、宏、“不安全”语法等 Rust 高级编程。

本书适合 Rust 语言初学者学习使用，也可供 Rust 开发者参考使用，还可作为高等院校相关专业的教材。

图书在版编目（CIP）数据

Rust 编程从入门到实战/樊少冰，孟祥莲编著. —北京：清华大学出版社，2022.6
（计算机科学与技术丛书）
ISBN 978-7-302-60384-9

Ⅰ. ①R… Ⅱ. ①樊… ②孟… Ⅲ. ①程序语言－程序设计 Ⅳ. ①TP312

中国版本图书馆 CIP 数据核字(2022)第 047752 号

责任编辑： 刘　星
封面设计： 吴　刚
责任校对： 韩天竹
责任印制： 朱雨萌

出版发行： 清华大学出版社
　　网　　址：http://www.tup.com.cn, http://www.wqbook.com
　　地　　址：北京清华大学学研大厦 A 座　　邮　　编：100084
　　社 总 机：010-83470000　　邮　　购：010-62786544
　　投稿与读者服务：010-62776969，c-service@tup.tsinghua.edu.cn
　　质 量 反 馈：010-62772015，zhiliang@tup.tsinghua.edu.cn
　　课 件 下 载：http://www.tup.com.cn,010-83470236
印 刷 者： 北京富博印刷有限公司
装 订 者： 北京市密云县京文制本装订厂
经　　销： 全国新华书店
开　　本： 186mm×240mm　　**印　　张：** 14.25　　**字　　数：** 322 千字
版　　次： 2022 年 7 月第 1 版　　**印　　次：** 2022 年 7 月第 1 次印刷
印　　数： 1～1500
定　　价： 69.00 元

产品编号：096223-01

前言

PREFACE

上大学期间，我从事过编译器的研究与实现，这个过程并不顺利，最终并没有开发出可以在生产环境中使用的编译器产品（像 GCC 或 LLVM 那样）。但这个过程让我个人收获很大，尤其在对编程语言的研究方面。

作为一个精通 C 语言的开发者，我同时在使用很多其他的编程语言，这是为了适应不同类型产品的开发需要。大量的开发过程让我全面地了解了这些编程语言（如 C++、Java、ECMAScript、Kotlin 甚至 FORTRAN），与众不同的编程语法以及设计者的编程思想。在了解这些之后，我常常会将它们的优点相互比较，并尝试以一个较为通用的语言作为基础，希望设计出一个能解决大多数迄今为止计算机科学家们发现的主要编程问题的编程语言。这些想法往往会在开发过程中不由自主地产生。

经过长时间的思考与经验积累，我认为一个优秀的编程语言必须具备以下特质。

（1）执行高效。最好能直接编译到硬件原生语言（机器语言），避免解释执行。

（2）编译时保障内存安全。在编译时能够确定数据的生命周期，防止垃圾的产生或在运行时检测并回收垃圾。

（3）并发安全。能够适应高并发环境并保证运行安全。

（4）支持面向对象编程。能够实现面向对象的编程思想。

（5）结构管理。可以使用包管理器管理代码，并具有良好的程序结构。

（6）易于学习和使用。软件效率不仅体现在运行上，还体现在开发上。

具备了以上 6 点特质，基本上就是一门“完美语言”。我认为这种语言是不存在的，或者正在开发中。但事情往往就是这样，你认为没有诞生的东西往往已经被开发很久了。Rust 语言就几乎具备以上全部的优秀特质。

Rust 语言完全具备以上前 5 条特质，唯一的缺点就是不那么易于学习，这是因为以上总结出的优点都是主流编程语言存在问题的解决方法，意识到这些问题需要大量的实践，而且只有在意识到这些问题之后，才会理解这些优秀特质在开发中发挥的重要作用。因此，Rust 语言为了实现这些特质采用了很多还没有流行起来的新方法（例如所有权机制）的作用较为难以理解，也就难以被学习。

编写本书的目的是让 Rust 学习变得更加容易，适合 Rust 入门者学习和使用参考。书中将 Rust 语言最经典、最广泛的语法以程序实例的方式介绍给读者，并尽可能地将它们讲得通俗易懂。本书内容依赖的背景知识会在章节开始介绍，如果这些知识对您来说驾轻就熟，请忽略它们。但是，Rust 语言绝对不适合作为刚刚接触编程的入门者学习，学习它之前请尽量掌握 C 语言、C++语言等有关知识，它们是学习 Rust 语言知识的依赖项。

作者在本书出版前曾在“菜鸟教程”网站发布过社区版教程，且得到了来自 Rust 全球社区的支持，这些支持使书中的内容更加全面。

总体来说，Rust 语言不是一门易于学习的语言。抱着这个心态，您也许可以更容易地学习这门语言。这门语言几乎可以在 C++能够运行的一切环境中运行，且运行效率非常高，它的高并发能力被迄今为止使用过它的开发者们赞不绝口。

希望这个由 Mozilla 基金会开发的编程语言带给您全新的编程体验！

本书提供程序代码等配套资源，请扫描下方二维码或者到清华大学出版社官方网站本书页面下载。

配套资源

樊少冰

2022 年 3 月

目录

CONTENTS

第 1 章 Rust 编程语言概述 …… 1

1.1 编程语言 …… 1

1.2 Rust 语言 …… 2

1.2.1 为什么选择 Rust …… 2

1.2.2 在哪里能使用 Rust …… 2

1.3 Hello, Rust! …… 3

第 2 章 开发环境 …… 4

2.1 工具链 …… 4

2.1.1 Windows 系统上的安装 …… 4

2.1.2 在 GNU/Linux 上安装 …… 6

2.1.3 在其他操作系统上安装 …… 7

2.1.4 卸载 …… 7

2.2 集成开发环境 …… 7

2.3 CLion 安装与部署 …… 8

2.3.1 下载和安装 CLion …… 8

2.3.2 配置 CLion …… 9

第 3 章 开发命令行程序 …… 13

3.1 输出到命令行 …… 13

3.2 详细输出 …… 14

3.3 从命令行输入 …… 15

3.4 从命令参数中获取 …… 16

第 4 章 基础语法 …… 18

4.1 变量 …… 18

4.2 重影 …… 20

4.3 常量 20
4.4 静态变量 21

第 5 章 Rust 数据类型 23

5.1 整数型 23
5.2 浮点数型 24
5.3 数学运算 24
5.3.1 基础运算 24
5.3.2 数学函数 24
5.4 布尔型 25
5.5 逻辑运算 25
5.6 字符型 26
5.7 字符串 27
5.8 元组 28
5.9 数组 29

第 6 章 注释 31

6.1 常规注释 31
6.2 说明文档注释 31
6.3 生成工程文档 33

第 7 章 函数 34

7.1 函数的声明 34
7.2 函数语句与函数表达式 35
7.2.1 函数语句与表达式 35
7.2.2 函数返回值 35
7.2.3 函数表达式 36
7.3 函数对象 37
7.4 闭包（Lambda 表达式） 37

第 8 章 条件语句 39

8.1 if-else 语句 39
8.2 三元运算符 40
8.3 match 语句——Rust 中的 switch 41

第 9 章 循环结构 43
9.1 while 循环 43
9.2 for 循环 44
9.3 loop 循环 45
第 10 章 所有权 47
10.1 内存管理 47
10.1.1 内存的概念 47
10.1.2 主流的内存管理机制 48
10.2 所有权机制 48
10.2.1 变量范围 49
10.2.2 生命周期 49
10.2.3 转移 50
10.2.4 复制 50
10.2.5 引用和借用 51
10.2.6 垂悬引用 51
10.3 与函数相关的所有权 52
10.3.1 参数所有权 52
10.3.2 返回值所有权 53
10.4 引用类型 54
10.4.1 引用的用途 54
10.4.2 可变引用 55
10.4.3 解引用运算符 56
第 11 章 切片类型 58
11.1 字符串切片 58
11.2 数组切片 59
第 12 章 复合类型 60
12.1 结构体 60
12.1.1 结构体的定义 60
12.1.2 结构体的实例化 60
12.1.3 结构体所有权 61
12.1.4 结构体方法 64
12.1.5 元组结构体 66

12.1.6 单元结构体 66
12.2 枚举类 66
12.2.1 枚举类的定义 67
12.2.2 枚举类的 match 语法 68
12.2.3 if-let 语法 69
12.2.4 枚举类的方法 70

第 13 章 泛型 72

13.1 泛型函数 72
13.2 复合类型的泛型 73
13.2.1 泛型结构体 73
13.2.2 泛型枚举类 74
13.3 impl 泛型 75
13.3.1 对泛型类实现方法 75
13.3.2 对具体类实现方法 76
13.3.3 泛型方法 76

第 14 章 错误处理与空值 78

14.1 错误与错误处理 78
14.2 不可恢复错误 78
14.3 可恢复错误 79
14.3.1 Result 枚举类 80
14.3.2 可恢复错误的传递 81
14.3.3 Error 类型和它的 kind 方法 82
14.4 “空引用” 83
14.4.1 Null 的概念 84
14.4.2 Option 枚举类 84

第 15 章 工程组织和访问权 86

15.1 工程组织概念 86
15.1.1 箱 86
15.1.2 包 87
15.1.3 模块 87
15.2 访问权 88
15.2.1 模块访问权 88
15.2.2 结构体访问权 89

15.2.3 枚举类访问权 90
15.3 use 关键字 90
15.4 引用标准库 91
15.5 多源文件工程 92
15.5.1 新建源文件 92
15.5.2 运行多源文件程序 92
15.6 Cargo 93
15.6.1 Cargo 是什么 93
15.6.2 Cargo 功能 93
15.6.3 Cargo 导入外部包 94

第 16 章 特性 96

16.1 定义特性 96
16.2 实现特性 96
16.3 默认特性 98
16.4 特性作参数 99
16.4.1 常规特性参数 99
16.4.2 泛型特性参数 100
16.4.3 特性叠加 101
16.5 特性作返回值 102
16.6 有条件的实现方法 104

第 17 章 文件与 I/O 105

17.1 关于文件的概念 105
17.1.1 文件 105
17.1.2 流 105
17.2 打开文件 106
17.2.1 打开文件的种类 106
17.2.2 只读模式 106
17.3 创建新文件模式 109
17.3.1 创建新文件 109
17.3.2 覆盖文件 110
17.4 追加模式 110
17.5 自定义模式打开文件 111
17.5.1 OpenOptions 对象 111
17.5.2 以读写模式打开文件 112

17.6 写入和读取二进制信息 114
17.7 文件系统 115
17.7.1 列出目录 115
17.7.2 创建目录 116
17.7.3 删除文件或目录 116

第 18 章 数据结构与集合 118

18.1 线性数据结构 118
18.1.1 向量 120
18.1.2 双端向量 124
18.1.3 链表 125
18.2 字符串 125
18.2.1 将数据转换为字符串 126
18.2.2 拼接字符串 127
18.2.3 字符串截取 128
18.2.4 UTF-8 编码 129
18.3 映射表 131
18.3.1 散列映射表 131
18.3.2 B 树映射表 132
18.4 集 133
18.4.1 散列集 133
18.4.2 B 树集 135
18.5 堆 136
18.5.1 二叉堆 136
18.5.2 从向量创建堆 137

第 19 章 面向对象编程思想的实现 139

19.1 类 139
19.2 对象 141
19.3 封装 142
19.4 继承 143
19.5 多态 145

第 20 章 堆内存区 147

20.1 内存的分配方式 147
20.2 Box 类型 148

20.3 Box 解引用特性 150
20.4 dyn 关键字 151
20.5 Box 的所有权 151

第 21 章 高级引用 152

21.1 Box 引用 152
21.2 Rc——引用计数 152
21.3 Mutex——互斥锁 155

第 22 章 运算符方法 158

22.1 Rust 运算符方法 158
22.2 实现运算符方法 159
22.2.1 实现复数加法 159
22.2.2 引用类型运算符方法实现 160
22.3 支持实现运算符方法的运算符 161
22.4 特殊的运算符 162
22.4.1 Deref 和 DerefMut 特性 162
22.4.2 Drop 特性 163
22.4.3 Fn、FnMut 和 FnOnce 特性 164

第 23 章 无畏并发 168

23.1 并发和问题 168
23.1.1 数据共用 168
23.1.2 数据回收 169
23.1.3 死锁 169
23.1.4 线程通信 169
23.2 多线程 170
23.3 线程通信 171
23.4 Arc 线程安全引用计数 173
23.5 应对互斥锁死锁 175
23.5.1 用一个互斥锁保护 177
23.5.2 使用“标志互斥锁” 178

第 24 章 属性 180

24.1 属性的使用 180
24.2 条件编译属性 181

24.2.1 cfg 属性 181
24.2.2 test 条件编译 182
24.2.3 “cfg_attr”属性 183
24.3 derive 派生属性 183
24.4 诊断属性 185
24.4.1 lint 检查属性 185
24.4.2 deprecated 属性 187
24.4.3 must_use 属性 187
24.5 模块路径属性 188
24.6 其他属性 189

第 25 章 宏 190

25.1 宏的使用 190
25.2 宏的定义 191
25.3 过程宏 193
25.3.1 类函数过程宏 193
25.3.2 派生过程宏 196
25.3.3 属性宏 198

第 26 章 “不安全”语法 200

26.1 “不安全”域 200
26.2 原始指针 201
26.3 “不安全”的函数和方法 202
26.4 访问静态变量 203
26.5 “不安全”特性 204
26.6 共用体 205

第 27 章 Web 服务器程序 208

27.1 TCP 简介 208
27.1.1 建立 TCP 连接 209
27.1.2 搭建 TCP 服务器 209
27.2 UDP 简介 212
27.3 简易的 HTTP 服务器 213

第1章 Rust 编程语言概述

本章所阐述的内容对于任何一个经验丰富的程序开发者来说都是多余的，因为他们对本章提到的内容了如指掌。如果你是一个经验丰富的开发者，想直接了解 Rust 的语法和详细信息，可跳过本章。但如果你是一个刚刚接触计算机编程语言或学习过的编程语言不超过三种的读者，建议不要跳过本章。

本章将阐述计算机语言的发展和 Rust 编程语言的意义。

1.1 编程语言

现代计算机主要的发展进程起始于 20 世纪 60 年代末，在这段时期诞生的一个重要的体系——UNICS 和 C 语言体系为计算机的发展提供了重要条件。这一体系中最重要的是 C 语言，这门语言专门为 UNICS 的开发而设计，它在 UNICS 系统的模型设计思想指导下对计算机的运行资源进行了非常简单而全面的抽象，第一次使计算机的编程变得简单和友好。

C 语言是一个很大的进步，它在一个不注重语言易用性的时代被塑造成一个优秀的榜样，这也使得 C 语言一直在发展并沿用至今。

继 C 语言之后，许多像 C 语言一样的编程语言被设计出来，如 Python、Java、JavaScript 和 C++。这些语言之所以使用都很广泛，很大程度上是因为它们和 C 语言一样，能够使某个领域的编程变得更容易。计算机语言介于计算机和人类之间，主要迎合人类的需要，能够方便地描述人类的思想，并能够驱使计算机实现这些思想。设计编程语言是一门以理学实现的艺术。

每种语言的诞生都有它面临的、别的编程语言尚未解决的问题。

C++的诞生主要用于完善 C 语言面向对象编程的问题以及命名空间的问题。

Java 的诞生主要是为了将开发者从“计算机硬件的问题”中解放出来，从而能更专注地处理软件本身所面临的问题。它还引入了软件运行环境的概念，软件运行环境是一个能够跨平台、提供例如自动垃圾回收类的高级软件平台功能的软件，但其在一定程度上降低了运行效率。

JavaScript 和 Python 这类解释型语言语法十分松散，这对于编译器的开发难度很大，所以这类语言一般是解释运行的。这类语言的好处很明显：它们非常适合解决一些轻量级的问题，如前端的开发或数学计算，所以它们常被科学家们或前端开发者们使用。但这类语言的运行速度很难与 C 语言这种 Native 语言相比。

总结至此，可以看出现代编程语言存在的一个矛盾：效率越高的编程语言往往因为需要编译，所以语法更脱离人类。而接近人类的语言往往很难被编译，效率就比较低。这个矛盾成为了下一种编程语言发展阶段主要应解决的问题——人们希望在现有的基础上开发出一个公共的语言体系，兼具高执行效率和高开发效率。

虽然目前还没有一种类似于 C 语言一样被广泛使用的语言体系，但许多公司与组织都开发了一些在一定程度上解决了这个问题的编程语言，类似于 Kotlin、Swift、Go 以及 Rust。

1.2 Rust 语言

Rust 语言是一种语法风格类似于 JavaScript，但编译结果类似于 C 语言的编程语言。如 Rust 官方网站所述，Rust 是"一门赋予每个人构建可靠且高效软件能力的语言"。

Rust 语言由 Mozilla 基金会设计，最早发布于 2014 年 9 月。Rust 语言目前被 Firefox 浏览器以及其他 Mozilla 项目所使用。

全世界已有数百家公司在生产环境中使用 Rust，以达到快速、跨平台、低资源占用的目的。很多著名且受欢迎的软件，例如 Firefox、Dropbox 和 Cloudflare 都在使用 Rust。从初创公司到大型企业，从嵌入式设备到可扩展的 Web 服务，Rust 都完全适用。

1.2.1 为什么选择 Rust

1. 高性能

Rust 速度惊人且内存利用率极高。由于没有类似 Java 的运行环境和垃圾回收过程，所以它能够胜任对性能要求特别高的服务，甚至可以在嵌入式设备上运行。Rust 还能轻松和 C 语言及其他语言集成。

2. 可靠性

Rust 丰富的类型系统和所有权模型保证了内存安全和线程安全，在编译期就可以消除各种各样的错误。

3. 开发效率

Rust 拥有出色的文档、友好的编译器和清晰的错误提示信息，还集成了一流的工具——Cargo 包管理器和构建工具，智能的自动补全和类型检验的多编辑器支持，以及自动格式化代码等。

1.2.2 在哪里能使用 Rust

这个问题的答案是"任何地方"。

Rust 在性能和开发上的优秀表现，使得它可以被应用到各种主流场景。

1. 传统命令行程序

使用 Rust 强大的生态系统可快速实现命令行工具。Rust 编译器可以直接生成目标可执行程序，不需要任何解释程序。

2. Web 应用

Rust 可以被编译成 WebAssembly——一种 JavaScript 的高效替代品。使用 Rust 可增强 JavaScript 模块，从而得到惊人的速度提升。

3. 服务器程序

Rust 所有权机制可以用极低的资源消耗做到安全高效，且具备很强的大规模并发处理能力，十分适合各种服务器程序的开发。

4. 嵌入式设备

Rust 同时具有 JavaScript 一般的高效开发语法和 C 语言的执行效率，支持底层平台的开发。想针对资源匮乏的设备，需要底层控制，而又不失上层抽象的便利？Rust 包您满意。

1.3　Hello, Rust!

Rust 有便捷的在线工具供开发者使用。如果在开发的过程中想做测试，以下网站将是很好的选择：

- 官方运行器：https://play.rust-lang.org；
- 菜鸟教程运行器：https://c.runoob.com/rust。

```
// hello.rs

fn main() {
    println!("Hello Rust!");
}
```

程序输出为：

```
Hello, Rust!
```

第 2 章

开 发 环 境

Rust 作为一门新兴的语言，已经具备了较为完善的编译软件和构建工具。本章将阐述 Rust 工具链的安装以及使用。

2.1　工具链

Rust 的诞生时间较晚，它不可能一开始就具备和发展了半个世纪的 C 语言相提并论的编译工具。Rust 目前所开发的编译工具并不像一些 C 语言的开发工具（例如 GCC 或 MSVC）一样具备自始而终的完整编译功能，而是利用了这些编译工具都具备的底层功能来实现程序的编译。这种编译模式意味着在安装 Rust 编译工具以前必须安装好至少一种其他的编译工具集合，这些工具集合常称为“工具链”（Toolchain）。

利用现有的编译系统有许多好处，其中最重要的一点是任何能用 C 语言的地方（这几乎意味着任何地方）都能轻易地使用 Rust。截至本书被编写时，Rust 语言支持的主流编译环境包括 FreeBSD、GNU/Linux 分发版和 Windows 系统。

2.1.1　Windows 系统上的安装

1. MSVC（推荐）

与类 UNIX 系统不同，Windows 系统有独特的 C/C++编译工具，常被称为 MSVC。但是 Windows 系统都是可视化操作系统，所以 MSVC 工具常常与微软的集成开发环境 Visual Studio 同时安装。所以，在安装 Rust 工具链之前，请安装 Visual Studio 2017 或更高版本。

Visual Studio 官方网站：https://visualstudio.microsoft.com/。

本书采用的 Visual Studio 版本是 2019 版，安装方式是 Visual Studio Installer。读者可根据自己需要和最新版本进行安装，届时请安装相对应的 C++工具。在 2019 版的安装程序中，请勾选如图 2-1 所示选项。如果已经提前完成了 Visual Studio 的安装，请直接进入下一步骤。

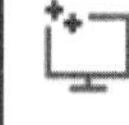

图 2-1　MSVC 安装项

在完成 Visual Studio 和 MSVC 的安装之后，需要下载 Rust 安装工具 Rustup。

- 64 位下载地址：https://t.cn/A6VSkBWG；
- 32 位下载地址：https://t.cn/A6VSkBWq。

下载好 rustup-init.exe 文件之后，直接双击运行（如果需要管理员授权请允许）。

如图 2-2 所示，安装的默认选项为 Windows MSVC 稳定版工具，自动设置环境变量，可以直接按 Enter 键开始安装。

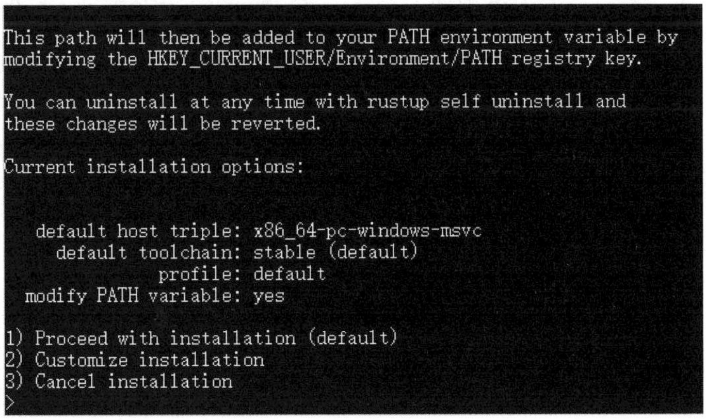

```
This path will then be added to your PATH environment variable by
modifying the HKEY_CURRENT_USER/Environment/PATH registry key.

You can uninstall at any time with rustup self uninstall and
these changes will be reverted.

Current installation options:


   default host triple: x86_64-pc-windows-msvc
     default toolchain: stable (default)
               profile: default
  modify PATH variable: yes

1) Proceed with installation (default)
2) Customize installation
3) Cancel installation
>
```

图 2-2　rustup-init.exe 运行

在安装完成之后，可以打开 CMD 命令行并输入以下命令验证安装是否成功：

```
rustc -version
```

如果安装成功，会输出安装的 Rust 开发工具版本：

```
rustc 1.52.1 (9bc8c42bb 2021-05-09)
```

2. MinGW

如果不喜欢 Visual Studio 开发工具或者已经安装了 MinGW，这个选项将很适合。

MinGW 是一个在 Windows 系统上构建的 GNU 开发工具，主要由 GCC 编译器和 GDB 调试器构成，安装 MinGW 之后的 Windows 系统可以直接编译基于 GNU/Linux 系统开发的软件，并使用 GDB 进行软件调试。

由于 Rustup 工具包含配套的 MinGW 工具，它们会在安装时统一安装，所以在安装时可以直接下载 Rustup 工具：

- 64 位下载地址：https://t.cn/A6VovzJ4；
- 32 位下载地址：https://t.cn/A6VovzJG。

本书编写时遇到一个问题：安装 MinGW 的 Rustup 默认情况下也会安装 MSVC 的工具链，所以在运行 rustup-init.exe 之后要输入 2，并按 Enter 键进入自定义安装，在被问及 Default host triple 时填入 x86_64-pc-windows-gnu（如果是 32 位系统请填入 i686-pc-windows-gnu）。

这个问题也许以后会被修复。后续两个问题都按默认设置，直接输入后按 Enter 键，如图 2-3 所示。

```
1) Proceed with installation (default)
2) Customize installation
3) Cancel installation
>2

I'm going to ask you the value of each of these installation options.
You may simply press the Enter key to leave unchanged.

Default host triple? [x86_64-pc-windows-msvc]
x86_64-pc-windows-gnu

Default toolchain? (stable/beta/nightly/none) [stable]


Profile (which tools and data to install)? (minimal/default/complete) [default]
```

图 2-3　自定义安装

安装完成后，可以打开 CMD 命令行并输入以下命令验证安装是否成功：

```
rustc -version
```

2.1.2　在 GNU/Linux 上安装

虽然大多数的 Linux 发行版系统都是使用 GNU 构建的，但还是有少数的 Linux 系统例外，但它们同样受 Rust 支持。所以此处所说的 GNU/Linux 并不是简单的前缀或版本，需要在安装时注意。常见的 GNU/Linux 发行版包括 Debian、CentOS、Ubuntu、openSUSE 等。

首先，请安装 GCC 编译器和 GDB 调试器。由于各个发行版操作系统上都有包管理器，所以可以通过包管理器进行安装，这会使安装过程十分简便。

Debian、Ubuntu 安装命令：

```
sudo apt update
sudo apt install -y gcc g++ gdb
```

CentOS、RHEL 安装命令：

```
sudo yum makecache
sudo yum install -y gcc gcc-c++ gdb
```

接下来要下载基于 Linux 的 rustup-init 安装工具：

- x86_64 架构：https://t.cn/A6VozQjC；
- x86 架构：https://t.cn/A6VozQjp；
- aarch64 架构(ARM 64 位版本)：https://t.cn/A6VozQj0。

注意：以上的缩短网址不能使用 wget 或 curl 工具下载，如果使用的是含有桌面环境的系统，请使用浏览器下载，否则请用浏览器下载之后再传输至 Linux 系统。

下载 rustup-init 文件完成后，请赋予其执行权限：

```
chmod +x ./rustup-init
```

之后可以直接执行它：

```
./rustup-init
```

之后的安装界面与 Windows MSVC 安装时几乎一模一样，直接按 Enter 键默认安装即可。

2.1.3　在其他操作系统上安装

除了 Windows 和 GNU/Linux 以外，还有许多其他的操作系统也被 Rust 所支持，例如 FreeBSD、macOS、基于 MUSL 的 Linux 等。如果需要获取这些系统上的 Rustup 工具，请于 Rustup 说明网站下载：https://t.cn/A6VozZfW。

2.1.4　卸载

如果想卸载 Rust 所有的编译工具或者因想重新安装而卸载它，在所有操作系统上的方法都是一样的。

打开操作系统上的终端或命令行，并执行以下命令：

```
rustup self uninstall
```

Rustup 工具就可以将自己卸载得非常干净，不留痕迹，所以不用担心它可能会留下的垃圾文件。

2.2　集成开发环境

由于 Rust 是一门新型的语言，所以它还没有专用的集成开发环境（Integrated Development Environment, IDE）。由于目前许多的 IDE 开始向多语言支持的方向发展，所以为了方便，Rust 官方开发了名为 rls（Rust Language Server）的组件，它可以使一些其他的 IDE 支持 Rust 语言。

这是 Rust 关于支持的 IDE 的列表：https://www.rust-lang.org/tools。

其中列出了 8 种受支持的 IDE，包括 VSCode、Eclipse 和 IntelliJ IDEA 等。虽然官方针对这 8 种常用的跨语言 IDE 开发了相应的插件，但这并不意味着它们可"开箱即用"，这里面的多数 IDE 配置起来相当麻烦。

在编写此章时，作者做了大量的尝试，目前能够实现轻而易举地配置和使用的 IDE 只有基于 IntelliJ IDEA 开发的 CLion。CLion 本身是用来开发 C/C++程序的，所以具备原生程序的调试功能。在 CLion 上安装了 Rust 语言插件以后可以轻松地构建 Rust 程序。但 CLion 的缺点是它并不免费，这对很多人来说较难接受。

CLion 下载地址：https://www.jetbrains.com/clion/。

除此之外还有一个较为不错的选择：VSCode。VSCode 全称为 Visual Studio Code，但请注意，它与 Visual Studio 完全是两个不同的东西！VSCode 是一个基于 Web 技术开发的可扩展开发环境，程序员可以灵活地根据需要搭建起任何形式的开发环境。但是 VSCode 对开发者要求较高，需要开发者完成许多传统 IDE 已经完成的工作，一般适合专业人员使用。VSCode 是完全免费的，所以如果你是一个计算机专家和搭建开发环境的高手，可以尝试这个选择。

VSCode 下载地址：https://code.visualstudio.com/，VSCode 环境配置教程：https://t.cn/A6VKMLya。

作为初学教程，本书以 CLion 作为基础开发环境。CLion 和 VSCode 都是跨平台的开发工具，所以可以在 Windows、macOS 以及含有桌面环境的 GNU/Linux 上运行。

2.3 CLion 安装与部署

2.3.1 下载和安装 CLion

在 Windows 系统上安装 CLion 很简单，下载 exe 安装包之后安装即可，如图 2-4 所示。

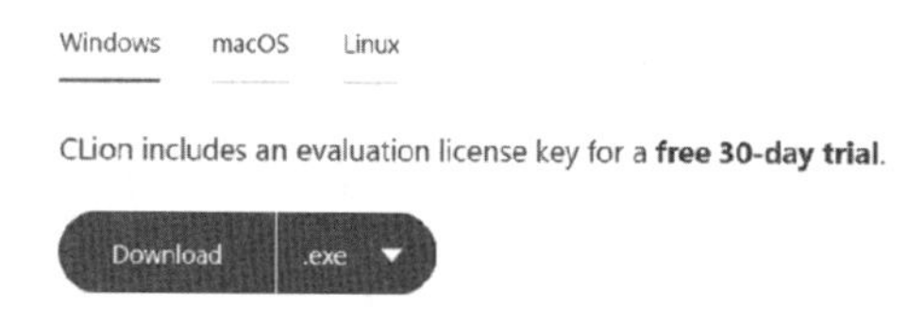

图 2-4 下载 Windows 版 CLion

在 macOS 上安装时要注意自己的 mac 计算机是 x86_64 架构的还是 arm 架构的，下载对应的 dmg 文件进行安装，如图 2-5 所示。

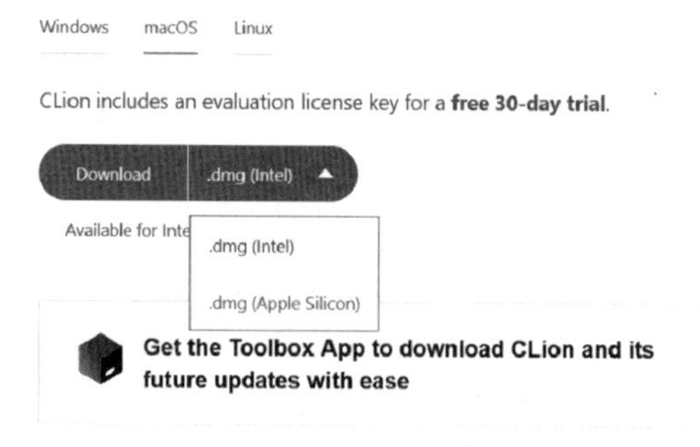

图 2-5 macOS 两种下载项

对于 Ubuntu 16.04 或以上版本的系统来说，可以直接执行以下命令安装：

```
sudo snap install clion --classic
```

对于其他含有桌面环境的 GNU/Linux 系统来说，下载后的安装文件是一个.tar.gz 格式的压缩包，此压缩包解压后可以直接使用。但是，CLion 需要用到 Java 运行环境（Java Runtime Environment, JRE），所以 GNU/Linux 在安装 CLion 之前请安装好 JRE，以免出错。JRE 可以通过包管理器安装。

Debian 安装 JRE 命令：

```
sudo apt update
sudo apt install -y default-jdk
```

CentOS、RHEL 安装 JRE 命令：

```
sudo yum makecache
sudo yum install -y java-11-openjdk-devel
```

安装后输入 java -version 检查是否安装成功。如果显示出版本号而不是提示 java 命令没找到，就是安装成功了。

安装完 JRE 之后，先在终端中进入压缩文件所在目录，并用以下命令解压文件：

```
tar -zxf CLion-*.tar.gz
```

2.3.2　配置 CLion

安装完成后，启动 CLion。

CLion 启动文件在其安装目录下的 bin 文件夹内，Windows 系统上可以直接运行 clion64.exe 可执行文件或直接通过桌面和开始菜单中的快捷方式启动。Linux 系统上不存在 clion64.exe 文件，请运行 clion.sh 启动。

启动之后将出现如图 2-6 所示界面。

如图 2-6 所示，在界面上可以创建新项目或打开现有项目，也可以对 CLion 进行设置。虽然 CLion 在日后的更新中可能会改变界面的样式，但是大体上的元素应该不会减少。

选择 Customize → All Settings → Plugins，如图 2-7 所示，安装 Rust 插件。在安装 Rust 插件的过程中如果遇到询问是否安装 Toml 插件的提示框，请选择“是”；否则，请另行安装 Toml 插件。

在安装 Rust 插件之后，单击 Setting 界面的 OK 按钮保存设置，并回到创建工程界面。单击 New Project 按钮，以创建新项目。如图 2-8 所示，在创建新项目的窗口左栏选择 Rust，CLion 会自动发现之前安装的 Rust 开发工具，如果没有发现，请手动选择之前安装时指定的目录。需要修改第一行 Location 中的最后一级目录名称，以设置工程名称，工程名称请用小写字母、数字和下画线表示，如 hello_rust。

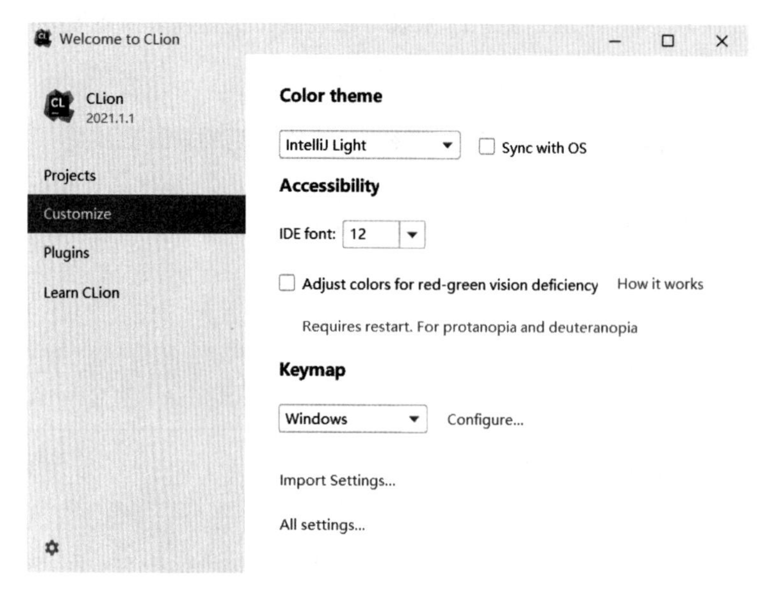

图 2-6 CLion 初始界面

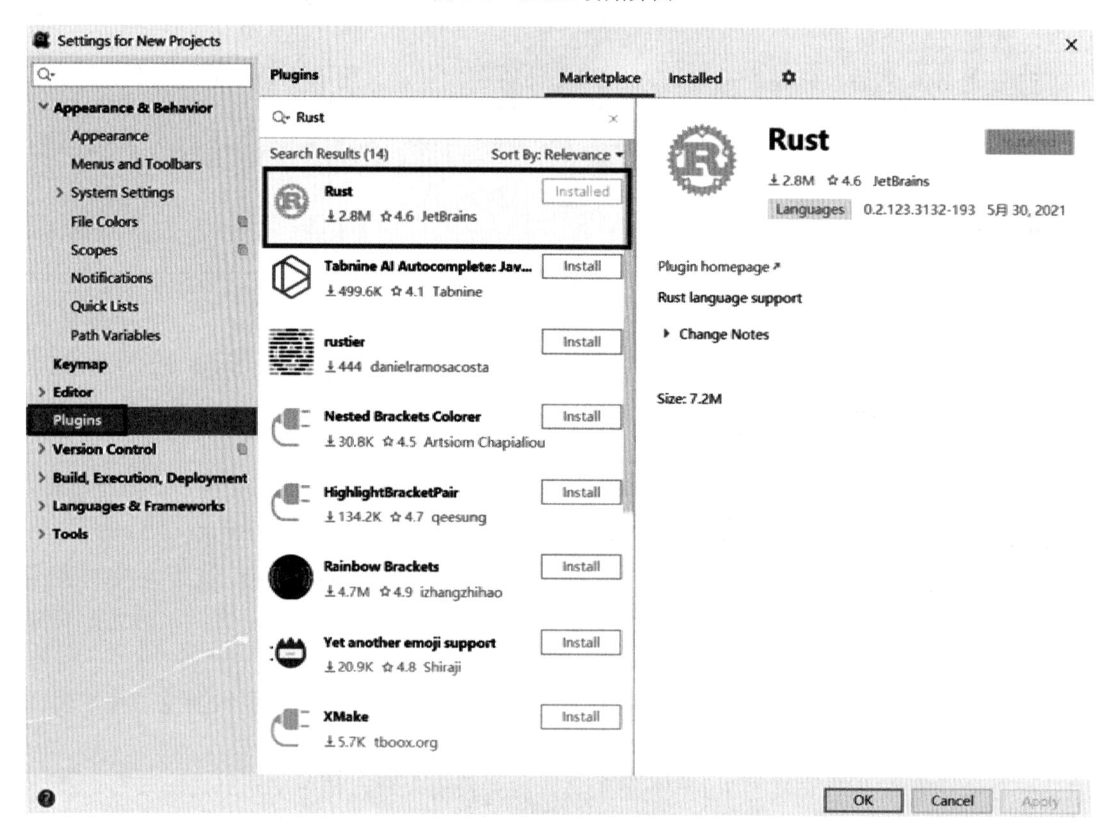

图 2-7 安装 Rust 插件

单击 Create 创建项目。

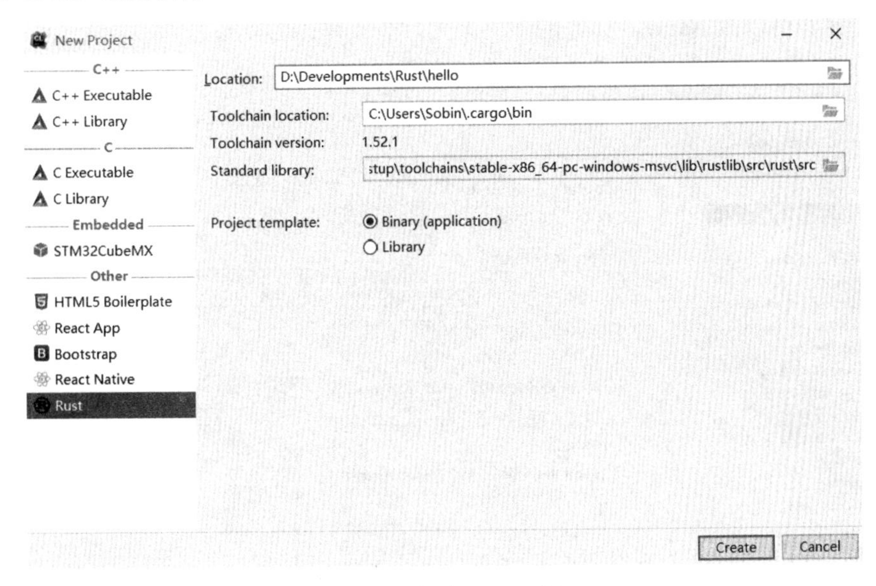

图 2-8　创建 Rust 工程

如图 2-9 所示，在成功创建 Rust 工程之后，目录结构中会出现 main.rs 源码文件，默认情况下会输出“Hello, world!”。但是到目前为止 CLion 还不能执行或调试 Rust，为了能够执行程序，需要配置启动项。单击菜单栏下面一行中的 Add Configuration 按钮。

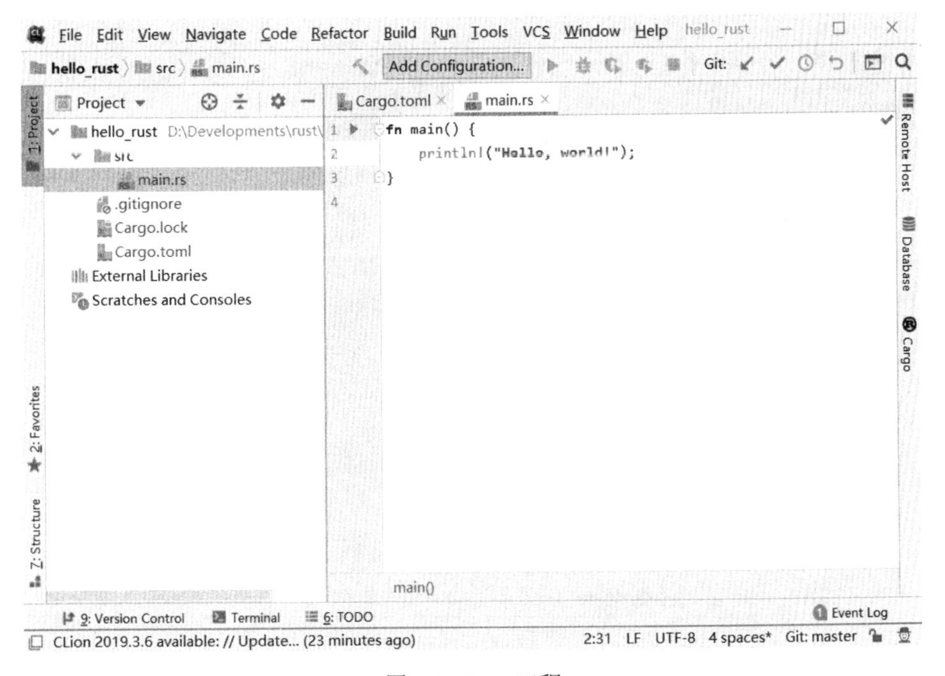

图 2-9　Rust 工程

如图 2-10 所示，可以配置启动项。单击“+”号选择 Cargo Command，注意，不是在左栏中直接选择。可以改 Name，其他的不用改变，直接单击 OK 按钮。

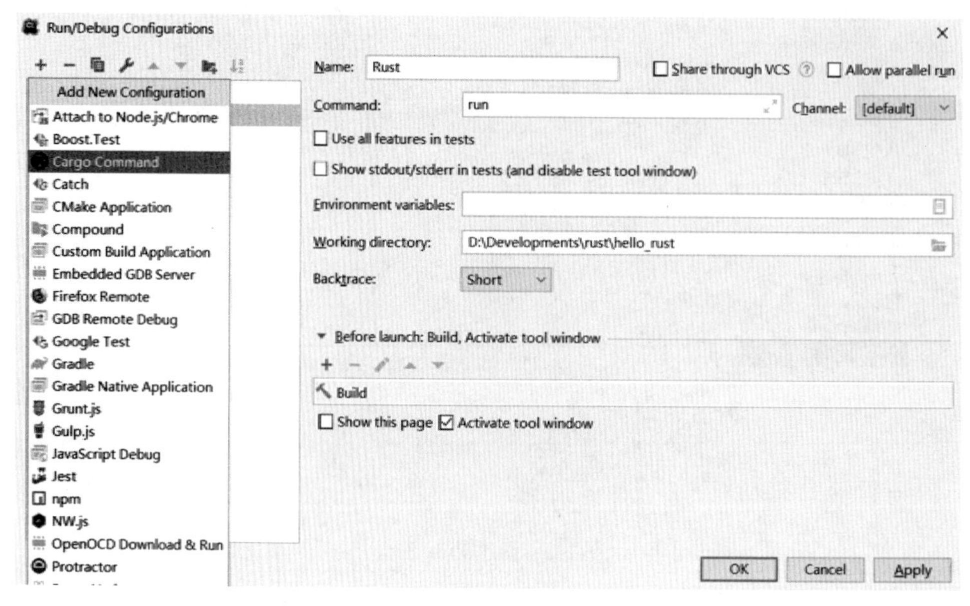

图 2-10　配置运行任务

完成之后，之前的 Add Configuration 按钮会被一个下拉菜单所取代，旁边的运行按钮会变成绿色，此时，单击“运行”按钮就可以运行程序了，如图 2-11 所示。

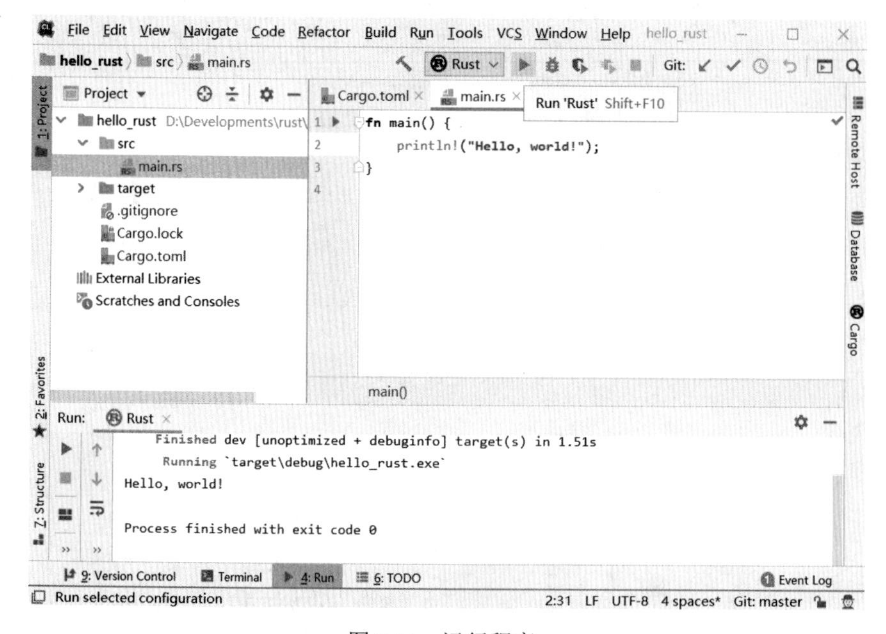

图 2-11　运行程序

第3章 开发命令行程序

命令行程序是计算机程序中最通用的程序形式，这种程序包含标准的输入和输出流。命令行程序是所有计算机都支持的程序，它常常用文字与人或其他程序交流。在第1章中编写的“Hello, Rust!”程序就是典型的命令行程序。

3.1 输出到命令行

在正式学习 Rust 语言以前，需要先学会怎样输出一段文字到命令行，这几乎是学习每一门语言之前必备的技能，因为输出到命令行几乎是语言学习阶段程序表达结果的唯一方式。

在之前的“Hello, Rust!”程序中已经告诉了大家输出字符串的方式，但并不全面，大家可能很疑惑为什么“println!("Hello World")”中的 println 后面还有一个“!”符号，难道 Rust 函数之后都要加一个感叹号？显然并不是这样。println 不是一个函数，而是一个**宏规则**。这里不需要更深刻地挖掘宏规则是什么，后面的章节中会专门介绍，并不影响接下来的学习。

Rust 输出文字的方式主要有两种：“println!()”和“print!()”。这两个“函数”都是向命令行输出字符串的方法，区别仅在于前者会在输出的最后附加输出一个换行符。当用这两个“函数”输出信息的时候，第一个参数是格式字符串，后面是一串可变参数，对应着格式字符串中的“占位符”，这一点与 C 语言中的 printf 函数很相似。但是，Rust 中格式字符串中的占位符不是“%*”的形式，而是一对“{}”。

```
fn main() {
    let a = 12;
    println!("a is {}", a);
}
```

以上程序的输出结果是：

```
a is 12
```

如果想把 a 输出两遍，并不是要写成：

```
println!("a is {}, a again is {}", a, a);
```

而是有更好的写法：

```
println!("a is {0}, a again is {0}", a);
```

在“{}”之间可以放一个数字，它将把之后的可变参数当作一个数组来访问，下标从 0 开始。

如果要输出“{”或“}”怎么办呢？格式字符串中通过“{{”和“}}”分别转义代表“{”和“}”。但是其他常用转义字符与 C 语言里的转义字符一样，都是“\”开头的形式。

```
fn main() {
    println!("{{}}");
}
```

以上程序的输出结果是：

```
{}
```

3.2 详细输出

详细输出是 Rust 中很有特色的一种输出方式，它可以将“调试性”的信息打印出来。对于很多编译器来说，为了优化编译后的程序，一些编译时的信息，例如变量的名字，将不会出现在编译之后的程序中，所以这些信息不能被一个“函数”打印出来，只能在调试控制台中看见。但是 Rust 支持在编译时选择性地保留一些调试信息，这会使一些调试工作甚至非调试性工作变得十分简单。

```
#[derive(Debug)]

struct Rectangle {
    width: u32,
    height: u32,
}

fn main() {
    let rect1 = Rectangle { width: 30, height: 50 };
    println!("rect1 is {:?}", rect1);
}
```

以上程序输出结果为：

```
rect1 is Rectangle { width: 30, height: 50 }
```

这段程序中有一个矩形类 Rectangle，包含两个属性：width 和 height。主函数中通过特殊的代位符“{:?}”可以将结构体的细节输出。

注意：打印结构体的详细信息请在文件最上方编写“#[derive(Debug)]”语句。

如果想让打印出的结构体更好看，也可以用以下语句打印：

```
println!("rect1 is {:#?}", rect1);
```

“{:#?}”代位符打印出的结果是包含格式的：

```
rect1 is Rectangle {
    width: 30,
    height: 50,
}
```

3.3 从命令行输入

对于一个命令行程序来说，除了能够输出以外，还应该具有从外界接收输入的能力。

```c
#include <stdio.h>

int main() {
    int a, b;
    scanf("%d%d", &a, &b);
    printf("%d\n", a + b);
    return 0;
}
```

以上程序是一段 C 语言程序，它让用户输入两个数字，并输出这两个数字的和。

在 Rust 中，“std::io::stdin”代表了标准输入流，可以通过它获取从命令行输入的文字或其他数据。

```rust
use std::io::stdin;

fn main() {
    let mut str_buf = String::new();
    stdin().read_line(&mut str_buf).unwrap();
    println!("Your input line is \n{}", str_buf);
}
```

以上程序的作用是从命令行读取一行字符串，然后把它打印出来。

```rust
use std::io::stdin;

fn main() {
    let mut str_buf = String::new();
```

```
    stdin().read_line(&mut str_buf).unwrap();
    let sp: Vec<&str> = str_buf.as_str().split(' ').collect();
    let a = sp[0].trim().parse::<i32>().unwrap();
    let b = sp[1].trim().parse::<i32>().unwrap();
    println!("{}+{}={}", a, b, a + b);
}
```

在上面的程序中，将读取的一行文字按空格拆分成两部分，然后识别成数字，再将它们的和输出。这实现了开头的C语言程序实现的功能。这段程序到目前为止与许多的语法现象没有被解释，所以可以不完全理解它，但可以通过它了解相关需求的实现方式。

3.4 从命令参数中获取

命令行程序虽然常常用在Linux系统中，但任何操作系统在实现所用功能可视化（这几乎是不可能的）之前，总是会有命令行程序的存在。

为了使命令行程序更易于使用，常常在输入命令时放入参数。比如说，之前安装的Rust编译工具，它们都是命令行程序。当输入“rustc --version”的时候，名为rustc的命令行程序会受到“--version”格式的参数，并对它作出反应，在命令行输出了它的版本号。

在C语言中，获取命令参数的方式是main函数的参数：

C

```c
#include <stdio.h>

int main(int argc, char *argv[]) {
    for (int i = 0; i < argc; i++) puts(argv[i]);
    return 0;
}
```

这段C语言程序输出了程序接收到的所有参数。正如程序中所示，C语言的编程系统把接收到的参数以字符串数组的形式在main函数的参数中体现，用argc表示数组的长度，用argv表示参数数组。

如果用Rust实现相同的功能，程序将是这样：

```rust
fn main() {
    let args = std::env::args();
    for arg in args {
        println!("{}", arg)
    }
}
```

Rust中命令行的参数需要用“std::env::args()”语句获取。如果编写一个加法程序：

```rust
fn main() {
```

```
    let mut args = std::env::args();
    args.next();
    let a = args.next().unwrap().trim().parse::<i32>().unwrap();
    let b = args.next().unwrap().trim().parse::<i32>().unwrap();
    println!("{}+{}={}", a, b, a + b);
}
```

这段程序可以从命令行参数接收两个数字并对它们做加法。如果将这段代码编译成名为 add 的可执行程序，那么可以在命令行中这样使用它：

```
add 100 23
```

这段程序将输出：

```
100+23=123
```

第4章 基础语法

变量、基本类型、函数、注释和控制流，这些几乎是每种编程语言都具有的编程概念。这些基础概念将存在于每个 Rust 程序中，及早学习它们将使你以最快的速度掌握 Rust 的使用。

4.1 变量

首先必须说明，Rust 是强类型语言，但具有自动判断变量类型的能力。这很容易让人与弱类型语言产生混淆。如果要声明变量，需要使用 let 关键字。例如：

```
let a = 123;
```

这句话中声明了变量 a，赋初始值为 123 并自动判断类型为 32 位整数。这个语句完全等效于：

```
let a: i32 = 123;
```

虽然在第一个语句中没有明确声明 a 是一个 i32 类型的变量，但是 Rust 编译器在编译时会根据所赋初始值判断出它是一个 i32 类型的变量，并在之后的程序中贯彻这一点。因此，在这句声明语句之后，以下代码是被禁止的：

```
a = "abc";
```

这行代码尝试向一个 i32 变量 a 赋值，赋值的类型不是 i32 类型，因此编译器会在编译这段程序时报错：

```
error[E0308]: mismatched types
 --> src\main.rs:3:9
  |
3 |     a = "abc";
  |         ^^^^^ expected integer, found `&str`
```

同样道理，这行代码也不被允许：

```
a = 4.56;
```

这一行的错误也在于赋值的类型与变量的类型不同，因为 4.56 在默认情况下表示的是 f64 类型的浮点数。因此编译器会输出“类型不匹配”错误：

```
error[E0308]: mismatched types
 --> src\main.rs:3:9
  |
3 |     a = 4.56;
  |         ^^^^ expected integer, found floating-point number
```

但是这里有个误导性很强的地方，许多资深的开发者都会保留一个认知习惯，即“比较不精确的类型可以向更精确的类型自动转换”，例如 i32 会向 f64 自动转换。但很遗憾，这个规则在 Rust 中不存在！任何两种数据类型之间的转换都是手动的，不存在自动转换的概念。因此，即使向一个 f64 变量甚至是 i64 变量赋一个 i32 类型的值也是不被允许的。因此，下面代码也不被允许：

```
let a = 1.23;
a = 456;
```

到此为止，似乎正确的写法只有：

```
a = 456;
```

但是，这种写法也是不被允许的。

“这简直没道理！这怎么会错呢？”也许这是大多数刚接触 Rust 的开发者的心声。其实这跟 Rust 语言的所有权机制有关，之后的章节中会详细解释。

现在要了解的 Rust 与其他编程语言最重要的一个区别，那就是 Rust 中变量在默认状态下是不可以被赋值或改变的。

“变量不可变，这是开玩笑吧？”

在 Rust 中，“变量”在默认状态下确实是不可以被改变的，这是因为在大量的编程实践中人们发现一个规律，开发者常常会用变量储存一个不可变的值，仅仅是为了将这个值储存一下以供他用。但这些用途上不可变的变量往往极大地影响并发程序中对变量的使用，因此 Rust 默认状态下保护了所有的变量。

如果想让一个变量的值可以被更改，需要使用 mut 关键字声明：

```
fn main() {
    let mut a = 123;
    a = 456;
}
```

这个程序是合法的，可以通过编译。

变量，无论可变与否，都不必在定义时声明其类型或赋初始值，但至少要在第一次读取之前赋值一次。例如：

```
fn main() {
    let a;
    a = 456;
}
```

这段程序中既没有声明变量 a 的类型，也没有对它赋初始值。但它是合法的，因为它在使用之前至少一次向变量 a 赋值，变量 a 的类型依然是 i32。

4.2 重影

重影（Shadowing）就是指变量的名称可以被重新使用的机制。

```
fn main() {
    let x = 5;
    let x = x + 1;
    let x = x * 2;
    println!("The value of x is: {}", x);
}
```

以上程序将输出：

```
The value of x is: 12
```

重影与可变变量的赋值不是一个概念，重影是指用同一个名字重新代表另一个变量实体，其类型、可变属性和值都可以变化，但可变变量赋值仅能发生值的变化。

```
let mut s = "123";
s = s.len();
```

这段程序会出错，因为不能给字符串变量赋整型值。

4.3 常量

Rust 中除了有“不可变变量”以外，还存在常量的概念。

常量用 const 关键字定义：

```
const A_CONSTANT: i32 = 123;
```

常量的名称应该用纯大写字母并以下画线分割。常量的值是不可改变的，而且必须初始化。虽然看上去常量和“不可变变量”一样，但是它们本实质上的区别使它们在语法上有不同的限制：

（1）常量声明时必须指定类型，而变量，无论可变与否，都可以不指定类型。

（2）常量必须在定义时赋值，而变量只需要在第一次读取前赋值即可，不可变变量只能赋值一次。

（3）常量可以在函数的内部或外部被声明，而使用 let 声明的变量只能在函数内使用。

4.4　静态变量

“静态变量”比较类似于其他书籍中提到的“全局变量”，通常指像 C 语言一样的编程语言中写在函数以外的、可以被所有函数共享的变量。

实际上 C 语言中的“全局变量”就是存放在程序内存区中的静态区中，它们不随函数的调用或结束而存在或消亡，只在进程开始时被创建、进程结束时被回收。静态变量就是这样的东西。但静态变量的概念不等同于全局变量，静态变量可以在函数中声明。

如果要在 Rust 中声明一个静态变量，let 关键字将不被允许，应该使用 static 关键字：

```
static VAR: i32 = 123;

fn main() {
    println!("{}", VAR);
}
```

这段程序的输出为：

```
123
```

和常量语法相似，静态变量被声明的时候必须指定类型和初始值。但是这段程序中的“变量”VAR 像直接用 let 声明的变量一样，也是“不可变的变量”，所以无法对它赋值。如果需要对它赋值必须使用 mut 关键字修饰：

```
static mut VAR: i32 = 123;
```

即使如此，对静态变量 VAR 赋值依然被认为是一种“不安全”的行为。因为如果在多线程程序中，同时有两个线程对这个变量进行操作，会出现不可预测的情况。因此 Rust 不允许直接改变静态变量的值。

如果现在一定要编写这样一个程序，有个较为简单的实现方式：

```
static mut VAR: i32 = 123;

fn main() {
    unsafe {
```

```
        VAR = 456;
        println!("{}", VAR);
    }
}
```

这段程序输出为：

```
456
```

这段程序将会变为“不安全”程序，“不安全”程序语法会在之后章节详细论述。

第5章 Rust 数据类型

不论是强类型语言还是弱类型语言，至少在运行的时候，每个名词都有它的类型。数据的类型是数据操作的基础，就像不能计算一个字符串和圆周率的比值是多少。本章将介绍 Rust 语言中的基础数据类型和一些简单的数据结构。

5.1 整数型

整数型（Integer）简称整型，按照比特位长度和有无符号分为如表 5-1 所示的种类。

表 5-1 按照比特位长度和有无符号的整型种类

位 长 度	有 符 号	无 符 号
8bit	i8	u8
16bit	i16	u16
32bit	i32	u32
64bit	i64	u64
128bit	i128	u128
arch	isize	usize

isize 和 usize 两种整数类型是用来衡量数据大小的，它们的位长度取决于所运行的目标平台，如果是 32 位架构的处理器将使用 32 位长度整型。

整数的表述方法如表 5-2 所示。

表 5-2 整数的表述方法

进 制	例
十进制	98_222
十六进制	0xff
八进制	0o77
二进制	0b1111_0000
字节(只能表示 u8 型)	b'A'

很显然，有的整数中间存在一个下画线，这种设计可以让人们在输入一个很大的数字时更容易判断数字的值大概是多少，例如：

```
1_000_000
```

将很容易被识别为 100 万。

5.2 浮点数型

Rust 与其他语言一样支持 32 位浮点（Floating-Point）数（f32）和 64 位浮点数（f64）。默认情况下，64.0 将表示 64 位浮点数，因为现代计算机处理器对两种浮点数计算的速度几乎相同，但 64 位浮点数精度更高。

```
fn main() {
    let x = 2.0; // f64
    let y: f32 = 3.0; // f32
}
```

5.3 数学运算

5.3.1 基础运算

用一段程序简单地展示浮点数的数学运算：

```
fn main() {
    let sum = 5 + 10;                // 加
    let difference = 95.5 - 4.3;     // 减
    let product = 4 * 30;            // 乘
    let quotient = 56.7 / 32.2;      // 除
    let remainder = 43 % 5;          // 整数求余
}
```

许多运算符号之后加上"="号是自运算的意思，例如：sum += 1 等同于 sum = sum + 1。

注意：Rust 不支持"++"和"--"，因为这两个运算符出现在变量的前后会影响代码可读性，这两种运算符会使开发者在开发过程中更难以意识到变量的值可能会发生改变。

5.3.2 数学函数

除此之外，Rust 中的浮点数类型自含数学运算函数：

```
fn main() {
    let x: f64 = 2.0;
    println!("{}", x.sin());       // 三角函数
    println!("{}", x.cos());       // 三角函数
    println!("{}", x.tan());       // 三角函数
    println!("{}", x.sqrt());      // 平方根函数
    println!("{}", x.powi(4));     // 幂函数
    println!("{}", x.ln());        // 对数函数
}
```

程序输出为：

```
0.9092974268256817
-0.4161468365471424
-2.185039863261519
1.4142135623730951
16
0.6931471805599453
```

5.4　布尔型

布尔型（Boolean）用 bool 表示，值只能为 true 或 false。

```
fn main() {
    let a = true;
    let b: bool = false;
    println!("{} {}", a, b);
}
```

程序输出为：

```
true false
```

在类似于 C 语言的语言环境中 true 与非 0 值等价，false 与 0 等价。但这个规则在 Rust 中不适用，Rust 中的布尔型数据类型无法与整型变量直接自动转换。

5.5　逻辑运算

逻辑运算的结果一定是布尔型，也就是 true 或 false。

```
fn main() {
    println!("{}", 3 > 4);             // 大于运算
    println!("{}", 3 >= 4);            // 大于或等于运算
```

```
    println!("{}", 3 < 4);              // 小于运算
    println!("{}", 3 == 4);             // 等于运算
    println!("{}", 3 != 4);             // 不等于运算
    println!("{}", !true);              // 逻辑非运算
    println!("{}", true && true);       // 逻辑和运算
    println!("{}", true || false);      // 逻辑或运算
    println!("{}", true ^ true);        // 逻辑异或运算
}
```

程序输出为：

```
false
false
true
false
true
false
true
true
false
```

离散数学中要求整数必须能够对二进制位，也就是比特（bit）进行运算，常用的运算方式包括和、或、非以及异或运算：

```
fn main() {
    let a = 0b_1010;
    let b = 0b_0101;
    println!("{}", !a);       // 位非
    println!("{}", a & b);    // 位和
    println!("{}", a | b);    // 位或
    println!("{}", a ^ b);    // 位异或
}
```

程序输出为：

```
-11
0
15
15
```

5.6 字符型

字符型用 char 表示。

```
fn main() {
    let en: char = 'R';
    let zh: char = '中';
    println!("{}\n{}", en, zh);
}
```

程序输出为：

```
R
中
```

Rust 的 char 类型大小为 4 字节，代表 Unicode 标量值，这意味着它可以支持中文、日文和韩文字符等非英文字符甚至表情符号和零宽度空格在 Rust 中都是有效的 char 值。

Unicode 值的范围从 U+0000 到 U+D7FF 和 U+E000 到 U+10FFFF（包括两端）。但是，“字符”这个概念并不存在于 Unicode 中，因此对“字符”是什么的直觉可能与 Rust 中的字符概念不匹配。所以一般推荐使用字符串储存 UTF-8 文字（非英文字符尽可能地出现在字符串中）。

注意：由于中文文字编码有两种（GBK 和 UTF-8），所以编程中使用中文字符串有可能导致乱码的出现，这是因为源程序与命令行的文字编码不一致，所以在 Rust 中字符串和字符都必须使用 UTF-8 编码，否则编译器会报错。

5.7 字符串

在进一步学习 Rust 的复杂类型之前，有一种数据类型是绕不过去的——字符串（String）。字符串是人类可读的符号——字符组成的线性数据结构，常用于储存人类可读的信息。

Rust 中的字符串常量用双引号包含表示：

```
"Some string"
```

但是它的表现类型并不是本节所说的字符串（String），而是后续章节才会阐述的一种类型 Slice，其类型的表示形式是&str，这个类型也是常用的字符串表达方式。

字符串类型可以用 from 方法快速地从字符串常量获得：

```
let string = String::from("Some string");
```

字符串可以灵活地追加字符或其他字符串：

```
let mut string = String::from("");
string.push('A');
string.push_str("QWERT");
```

字符串可以方便地获取长度：

```
String::from("Hello 你好").len()    // 值为 11
```

以上表达式之所以值为 11 是因为 Rust 中字符串所使用的字符编码是 UTF-8，在 UTF-8 中一个中文字符的长度是 3。

如果要比较两个字符串是否一致，可以使用 eq 函数：

```
let a = String::from("Hello 你好");
let b = String::from("Hello 你好");
let result = a.eq(&b);    // 值为 true
```

当然，也可以直接用&str 类型作为参数：

```
String::from("Hello 你好").eq("Hello 你好")    // 值为 true
String::from("Hello 你好").eq(String::from("Hello 你好").as_str()) // 值为 true
```

截取字符串也是编程中常用的功能之一：

```
let s: String = String::from("RUNOOB");
let ch: char = s.chars().nth(2).unwrap(); // 值为 'N'
let sub: &str = &s[0..3];  // 值为 "RUN"
```

以上是从字符串中截取字符和子字符串的方法，其中截取字符所涉及的语法现象较为复杂，这里暂时无法解释，可以先照用。

其实，&str 在一般情况下比 String 类型更实用，因为它几乎具备 String 的所有常用功能：

```
fn main() {
    let s: &str = "RUNOOB";
    println!("{} {} {} {}",
             s.len(),
             s.eq("RUNOOB"),
             s.chars().nth(2).unwrap(),
             &s[0..3]);
}
```

程序输出为：

```
6 true N RUN
```

所以，如果不需要把字符串当作一个可以编辑的数据对象时，可以优先选择使用&str 数据类型。

5.8 元组

元组（Tuple）是一种流行的数据结构，如果使用过 Python 的话可能对这种数据结构很熟悉。元组是一个固定的数组，它存在的意义是存放按顺序存储的若干数据而不一定像结构体一样给每个数据起一个名字。

在 Rust 中，元组用一对小括号表示：

```
let tup = (500, 6.4, 1);
```

一个元组中可以有不同类型的数据。以上语句等效于：

```
let tup: (i32, f64, i32) = (500, 6.4, 1);
```

元组反映的是多数据之间的对应关系，不仅限于数据的值，也同样适用于数据的类型。

```
fn main() {
    let tup: (i32, f64, i32) = (500, 6.4, 1);
    println!("tup.0 = {}", tup.0);
    println!("tup.1 = {}", tup.1);
    println!("tup.2 = {}", tup.2);
    let (x, y, z) = tup;
    println!("x = {}", x);
    println!("y = {}", y);
    println!("z = {}", z);
}
```

程序输出为：

```
tup.0 = 500
tup.1 = 6.4
tup.2 = 1
x = 500
y = 6.4
z = 1
```

这段程序中涵盖了元组的创建和读取语法，如果要读取元组中的第 1 个元素可以用 tup.0 表示，但不能用 tup[0] 表示。在 tup.0 中的 0 表示第 1 个元素，但这里不能写一个变量：

```
tup.(1-1)
```

这种写法是不允许的。

对于经验丰富的开发者来说，有一种情况一定遇到过——如果一个函数有多个返回值怎么办？元组可以方便地实现这一点，第 7 章（函数）中将详细论述元组。

5.9　数组

数组（Array）也是常用的线性数据结构之一。数组与元组的不同之处在于数组中的所有数据类型必须一致，且二者使用方式不同。

Rust 中数组用一对中括号“[]”表示，与 ECMAScript 或 Python 类似。但是 Rust 中的数组不是链表，它不是灵活扩展的数据结构，它必须有固定的长度。

```
let a = [1, 2, 3, 4, 5];
// a 是一个长度为 5 的整型数组

let b = ["January", "February", "March"];
// b 是一个长度为 3 的字符串数组
```

数组的类型表达方式是 [数据类型; 数组长度] 的格式：

```
let c: [i32; 5] = [1, 2, 3, 4, 5];
// c 是一个长度为 5 的 i32 数组
```

注意：到目前为止（Rust 2018 标准），Rust 语言还不支持以变量作为数组的长度，也就是说数组的长度在编译时必须被确定。但是未来 Rust 语言标准会允许以变量作为数组的长度。

Rust 还支持快捷初始化数组：

```
let d = [3; 5];
// 此语句等同于 let d = [3, 3, 3, 3, 3];
```

这个语句会得到一个长度为 5、所有内容都是 3 的 i32 数组。

数组访问的方法与 C/C++、Java 一样，下标从 0 开始，用中括号包含下标：

```
// 数组访问
let first = a[0];
let second = a[1];
```

数组在默认状态下值也是不可改变的，比如下面的程序是不被允许的：

```
let a = [1, 2, 3, 4, 5];
a[0] = 0;
```

如果想改变数组内部的值，需要用 mut 关键字声明：

```
let mut a = [1, 2, 3, 4, 5];
a[0] = 0;
```

获取数组的长度的代码如下：

```
let array = [1, 2, 3, 4, 5];
let length = array.len();
```

第 6 章 注 释

注释是每一个编程语言都必须规定的一种语法格式，它可以在源代码中通过与程序本身无关的文字来标注源程序的作用以及与程序相关的信息。

注释是一个成熟的源项目必备的文档组成部分。在 Rust 中，注释语法同样先进。

6.1 常规注释

常规注释的格式主要有三种：

```
// 这是第一种注释方式

/* 这是第二种注释方式 */

/*
 * 多行注释
 * 多行注释
 * 多行注释
 */
```

这三种方式在 C/C++、Java、ECMAScript 等主流语言中同样适用。常规注释可以令查看源代码的人有效提高理解源程序含义的效率。

6.2 说明文档注释

```
fn main() {
    println!("Hello, Rust!");
}
```

在这段程序中，如果使用 CLion 或配置好的 VSCode 作为开发环境，将光标悬停在“println!”上时，会看到提示标签，如图 6-1 所示。

在弹出的标签中详细描述了光标悬停对象的信息和作用，包括其类型、使用方式和作用。

实际上，在 CLion、VSCode 这种先进的集成开发环境被开发以前，人们往往使用较为原始的开发工具，往往是一些包含文本高亮功能的编辑器，如 Notepad++、Vim 等。在这个阶段，他人编写的程序往往通过书籍或电子文档的形式提供给使用这些程序的开发者，开发者需要花费较长的时间学习它们的使用。

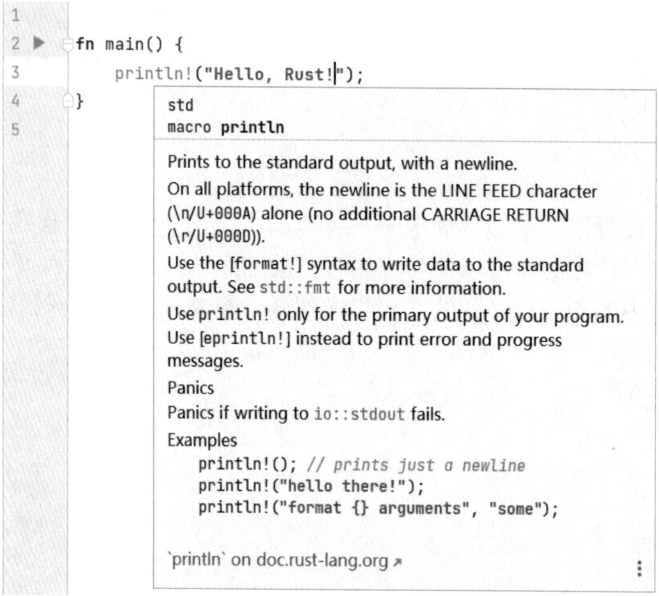

```
1
2 ▶ fn main() {
3       println!("Hello, Rust!");
4   }
5
```

std
macro println

Prints to the standard output, with a newline.

On all platforms, the newline is the LINE FEED character (\n/U+000A) alone (no additional CARRIAGE RETURN (\r/U+000D)).

Use the [format!] syntax to write data to the standard output. See std::fmt for more information.

Use println! only for the primary output of your program. Use [eprintln!] instead to print error and progress messages.

Panics

Panics if writing to io::stdout fails.

Examples

```
println!(); // prints just a newline
println!("hello there!");
println!("format {} arguments", "some");
```

`println` on doc.rust-lang.org ↗

图 6-1　程序文档注释 1

在先进的集成开发环境中，开发文档也是集成工作的一部分。开发者可以在开发程序时直接把公开的文档写在源代码里，以供其他使用这些程序的开发者查看。这些文档就是通过“说明文档注释”来实现的。

````
/// 将两个整数相加并返回其结果
///
/// # Examples
///
/// ```
/// let x = add(1, 2);
/// ```

fn add(a: i32, b: i32) -> i32 {
    return a + b;
}
````

这是一段典型的加法程序，并且它的上方含有 7 行注释。这里的注释使用“///”开头。这种开头格式与“//”兼容，所以它首先属于第一种常规注释。但与此同时，支持说明文档注释的集成开发环境可以将它理解为说明文档，用于说明 add 函数的作用。

现在，将 add 函数在 main 函数中调用，并将光标悬停在 add 上方，就会看到在注释中编写的内容，如图 6-2 所示。

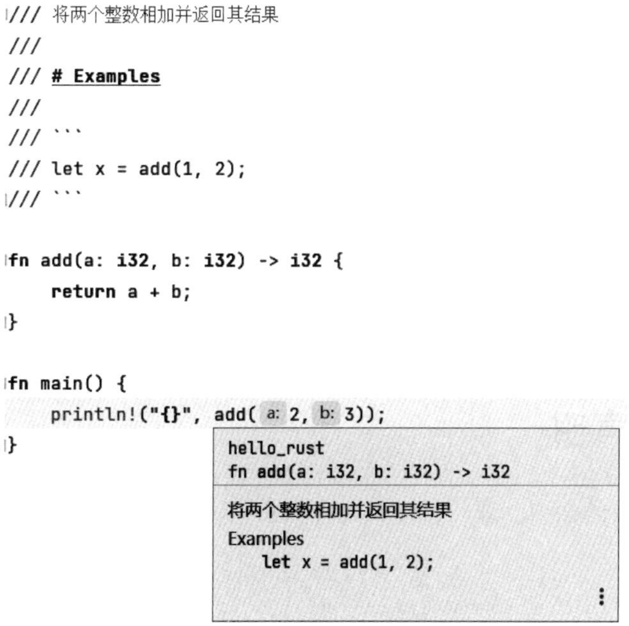

```
/// 将两个整数相加并返回其结果
///
/// # Examples
///
/// ```
/// let x = add(1, 2);
/// ```

fn add(a: i32, b: i32) -> i32 {
    return a + b;
}

fn main() {
    println!("{}", add( a: 2, b: 3));
}
```

```
hello_rust
fn add(a: i32, b: i32) -> i32

将两个整数相加并返回其结果
Examples
    let x = add(1, 2);
```

图 6-2　程序文档注释 2

很明显，在标签中显示出来的说明文档比我们编写的注释要好看了很多。如果使用过 Markdown 文档格式，应该已经理解了说明文档注释的内涵。没错，“///” 注释符后的每一行都是 Markdown 格式的文档。如果想详细了解 Markdown 相关语法，可以访问 https://www.runoob.com/markdown 查看详细的信息。

6.3　生成工程文档

与 C 语言的 CMake 及 Java 的 Maven 类似，Rust 也有自己的包管理器和构建系统，名为 Cargo。Cargo 可以方便地创建、编译、运行 Rust 工程项目或引用丰富的 Rust 包。关于 Cargo 的详细信息会在 15.6 节（Cargo）中讲解。

如果要系统地生成一个工程的文档信息，可以使用 cargo doc 命令：

```
cargo doc
```

第 7 章

函　　数

在很多编程语言中，函数是源程序的顶级元素。一个函数往往包含了一个特定的功能，是对固定计算过程的包含体现。

Rust 中的函数机制比其他语言更丰富，用法也更灵活。

7.1　函数的声明

从开始学习本书的知识，就一直没有离开 main 函数：

```
fn main() {
    println!("This is main function");
}
```

在 Rust 中，声明函数使用 fn 关键字。总体格式如下：

```
fn 函数名(参数名: 参数类型, 参数名: 参数类型, ...) -> 返回值类型 {
    函数体
}
```

例如，现在定义一个加法运算的函数：

```
fn addition(a: i32, b: i32) -> i32 {
    return a + b;
}
```

这个函数能够求出两个 i32 型整数的和。使用方法如下：

```
fn main() {
    let sum = addition(100, 23);
    println!("{}", sum);
}
```

程序将输出：

```
123
```

7.2 函数语句与函数表达式

函数表达式（Fuction expression）是一种新兴的概念，它是指函数不应该以枯燥的声明格式表达，而应该以更灵活、简单的方式表达。

在 Rust 中，一对大括号“{}”在程序中所包含的部分常常就是一个函数表达式。

7.2.1 函数语句与表达式

Rust 函数体由一系列可以以表达式（Expression）结尾的语句（Statement）组成。到目前为止，仅见到了没有以表达式结尾的函数，但已经将表达式用作语句的一部分。

```
1 + 2
```

这是一个经典的表达式，它对两个整数做了加法运算，并得到了整数类型的返回值，所以可以将它直接应用到其他语句中去：

```
let a = 1 + 2;
```

在 Rust 中，有的表达式有返回值，但也有一些表达式没有返回值，如：

```
let a = 6;
```

这是一个经典的语句，它声明了变量 a。但这个语句并没有返回值，所以不能被应用到其他语句中去。例如这行代码不被允许：

```
let b = (let a = 6);
```

综上所述，表达式是一种语句，并且它有计算步骤且有返回值。以下语句都是表达式（假设出现的标识符已经被定义）：

```
123
a = 7
b + 2
c * (a + b)
```

7.2.2 函数返回值

在 Rust 的函数表达式中，返回值既可以通过 return 关键字返回，也可以直接将返回值表达式写在函数表达式的最后：

```
fn addition(a: i32, b: i32) -> i32 {
    a + b
}
```

这段程序与 7.1 节中的第 3 段实例程序完全等同。除了这种隐性返回值的形式，在函数体中，随时都可以以 return 关键字结束函数运行并返回一个类型合适的值，这是最接近大多数开发者经验的做法。

Rust 函数声明返回值类型的方式是在参数声明之后用“->”来声明函数返回值的类型（而不是“:”）。

但是 Rust 不支持自动返回值类型判断。如果没有明确声明函数返回值的类型，函数将被认为是“纯过程”，不允许产生返回值，return 后面不能有返回值表达式。这样做的目的是使公开的函数一定具有可见的声明。

7.2.3 函数表达式

有一种很常见的问题常常困扰着开发者，那就是一个数值难以通过简单的表达式表达出来而是要通过多步计算获得，例如：

```
fn main() {
    let x = 4;

    let y = {
        let a = x * x * x;
        let b = 2 * x * x;
        a + b + 3
    };

    println!("y = {}", y);
}
```

程序输出为：

```
y = 99
```

这段程序计算的是 $y = x^3 + 2x^2 + 3$ 的值，当 x 的值是 4 时，y 的值是 64 + 32 + 3，也就是 99。

在真正的程序中也许不必像这段程序中一样书写，但这段程序可以告诉我们函数表达式的概念：函数表达式是用函数过程构成的表达式。函数表达式整体以表达式的形式存在，有返回值，其内部构造与隐性返回值函数类似，不支持 return 关键字。

注意：在这段程序中“a + b + 3”之后没有分号，否则它将变成一条语句。

7.3 函数对象

函数对象（Function object）的概念在 ECMAScript 语言中较为常见，它的作用是动态地描述同一类函数对象。在 C/C++语言中，函数指针的概念与之类似。简单地说，函数对象就是一个可以把函数当作变量或参数进行传递或使用的机制，它使得动态标记函数变为可能。

```
fn function_one() {
    println!("Function one is called.")
}

fn function_two() {
    println!("Function two is called.")
}

fn main() {
    let mut fun: fn();

    fun = function_one;
    fun();

    fun = function_two;
    fun();
}
```

程序输出为：

```
Function one is called.
Function two is called.
```

在这段程序中，fun 是一个“fn()”类型的变量，也就是参数格式为“()”的变量。这个变量在赋值 function_one 时被调用（将会调用 function_one 函数），在赋值 function_two 时被调用（将会调用 function_two 函数）。

缺乏异步开发经验的开发者会感觉这个机制画蛇添足，为什么不直接调用呢？因为在很多情况下，开发一个东西时不一定完全了解这个东西所有的操作。比如可视化界面中的一个按钮，当开发这个按钮时不可能完全了解这个按钮按下之后要做什么，这一点需要调用这个按钮的开发者来规定，所以需要用函数对象类型的变量来传递参数。

7.4 闭包（Lambda 表达式）

闭包（Closure）、Lambda 表达式、匿名函数，这三个词描述的是一个概念。闭包（就是大多数开发者熟知的Lambda表达式)是一种快捷的传递函数的方式,广泛应用于异步编程。

```
fn main() {
    let fun = |a: i32, b: i32| {
        println!("{}", a + b)
    };

    fun(3, 4);
}
```

在Rust中，闭包的格式如下：

```
| 参数1, 参数2, ... | -> 返回值类型 {
    // 函数体
}
```

其中，返回值类型支持自动推断，所以可以省略。

Rust中的闭包支持的自动类型推断的机制很复杂，但很好用：

```
|| 12;                              // 返回值类型 i32
|x: i32| x + 1;                     // 返回值类型 i32
|x: i32| -> i32 { x + 1 };          // 完整形式
```

如果没有必要使用简化形式请使用完整形式，完整形式的可读性高、出错概率小。

第 8 章 条件语句

条件语句是程序基本结构中不可缺少的组成部分。如果没有条件语句，逻辑类型将失去使用意义。在 Rust 中，条件语句的使用方式更加丰富，但其语法习惯与其他语言有所不同。

8.1 if-else 语句

在 Rust 语言中的 if-else 条件语句的格式如下：

```
if condition {
    // TODO
} else {
    // TODO
}
```

这一点与其他语言（如 C 语言）差不多，区别在于 Rust 语言中条件表达式不必要（但不是不允许）用一对“()”包含，同时语句块必须用一对“{}”包含。

```
fn main() {
    let number = 3;
    if number < 5 {
        println!("{} < 5 = true", number);
    } else {
        println!("{} < 5 = false", number);
    }
}
```

程序输出为：

```
3 < 5 = true
```

虽然 Rust 语句块必须用“{}”包含，但如果遇到 else if 的情况仍然可以照常使用：

```
fn main() {
    let score = 100;
```

```
    if score > 90 {
        println!("优");
    }
    else if score > 60 {
        println!("及格");
    }
    else {
        println!("不及格");
    }
}
```

Rust 中的条件表达式必须是 bool 类型，例如下面的程序是错误的：

错误

```
fn main() {
    let number = 3;
    if number {
        println!("Yes");
    }
}
```

错误提示为：

```
error[E0308]: mismatched types
 --> src\main.rs:4:8
  |
4 |     if number {
  |        ^^^^^^ expected `bool`, found integer
```

8.2 三元运算符

很多编程语言中的三元运算符格式是这样的：

```
条件表达式 ? 条件为真的返回值 : 条件为假的返回值
```

这个运算符在 Rust 中不存在，但是 Rust 有其他方式实现这一点。记得第 7 章中提到过的函数表达式吗？它在这里派上了用场：

```
if 条件表达式 { 条件为真的返回值 } else { 条件为假的返回值 }
```

这种融合方式非常灵活，例如：

```
fn main() {
    let a = 3;
    let number = if a > 0 { 1 } else { -1 };
```

```
    println!("number = {}", number);
}
```

程序输出为：

```
number = 1
```

除此之外，函数表达式也适用于 else if 结构：

```
fn main() {
    let score = 86;

    let branch = if score > 90 {
        "优"
    } else if score > 80 {
        "良"
    } else if score > 70 {
        "中等"
    } else {
        "差"
    };

    println!("{}", branch)
}
```

程序输出为：

```
良
```

注意：所有函数表达式的返回值类型必须相同，且必须有 else 表达式。

8.3　match 语句——Rust 中的 switch

switch 语句是 C 语言以及很多类 C 语言中的选择分支结构实现，这个语句适用于多值条件划分情况。但是 switch 语句有很多的缺陷，例如每一个字句之后必须加一个 break 语句以防止语句串联。

综合多方面因素考虑，Rust 设计者决定用新的 match 语句取代 switch 语句。

```
fn main() {
    let op = 1;

    match op {
        0 => {
            println!("op = 0")
```

```
        },

        1 | 2 | 3 | 4 | 5 => {
            println!("op = 1 or 2 or 3 or 4 or 5")
        },

        _ => {
            println!("op = Else number")
        }
    }
}
```

程序输出为：

```
op = 1
```

如以上程序中所示，如果有多个值，可以写在一起并用“|”分割。对于没有列出的值，用下画线表示。

第 9 章 循环结构

与条件选择结构类似，循环结构也是程序结构中最基本的组成部分。如果没有循环结构，许多事情就只能人为地进行，对于一个自动化执行的程序来说将无法被执行。

Rust 中主要有三种循环方式：while、for 和 loop。

9.1 while 循环

while 循环是最典型的条件语句循环：

```
fn main() {
    let mut number = 1;

    while number < 4 {
        println!("{}", number);
        number += 1;
    }

    println!("EXIT");
}
```

程序输出为：

```
1
2
3
EXIT
```

到本书编写时，Rust 语言还没有 do-while 的用法，但是 do 被规定为保留字，也许以后的版本中会用到。

在 C 语言中有 for 循环，但它并不是流行的 foreach 用法。遗憾的是，Rust 中已经淘汰了这种 for 循环，for 关键字将专注于 foreach 循环使用。如果要在 Rust 中实现类似的功能，只能用 while 循环代替。

C 语言代码：

```c
int i;
for (i = 0; i < 10; i++) {
    // 循环体
}
```

等效的 Rust 代码为：

```rust
let mut i = 0;
while i < 10 {
    // 循环体
    i += 1;
}
```

9.2 for 循环

Rust 中，for 循环就是 foreach 循环。foreach 循环是专门用于遍历可迭代对象的语法，一些高级语言，如 Java、C#、ECMAScript 等都提供了对这种循环方式的支持。像 Rust、Python 这样的语言则直接占用了 for 关键字为 foreach 循环结构服务。

```rust
fn main() {
    for i in 1..5 {
        println!("{}", i);
    }
}
```

程序输出为：

```
1
2
3
4
```

这是 for 范围循环的使用方式，它可以快速完成连续的递增迭代。想彻底了解这段程序的原理并不容易，但可以先记住这种用法。

for 循环也可以用于直接遍历数组：

```rust
fn main() {
    let a = [10, 20, 30, 40, 50];
    for i in a.iter() {
        println!("{}", i);
    }
```

```
}
```

程序输出为：

```
10
20
30
40
50
```

其实 for 循环是这样一个语法：

```
for 变量名 in 迭代器 {
    // 函数体
}
```

其中，迭代器是一类对象，这类对象实现了迭代循环的相关方法，然后就可以直接被 for 循环轻松调用从而实现循环。想了解更多有关迭代器的知识，需要先了解有关 Rust 面向对象的知识，这会在后续章节阐述。目前这方面知识并不影响学习和使用，所以可以暂时跳过。

当然，想遍历一个数组，也可以用这种方式实现：

```
fn main() {
    let a = [10, 20, 30, 40, 50];
    for i in 0..a.len() {
        println!("a[{}] = {}", i, a[i]);
    }
}
```

程序输出为：

```
a[0] = 10
a[1] = 20
a[2] = 30
a[3] = 40
a[4] = 50
```

这种方式在遍历时保留了下标。

9.3 loop 循环

身经百战的开发者一定遇到过几次这样的情况：某个循环无法在开头和结尾判断是否继续进行循环，必须在循环体中间某处控制循环的进行。如果遇到这种情况，一个比较常用的方式是在一个“while (true) { … }”循环体里实现中途退出循环的操作。

while-true 方式绝对不是一种优雅的方式，所以很多人宁愿将某些代码写两遍也不愿意使用 while-true 循环。在 Rust 语言里有原生的无限循环结构——loop 循环：

```
fn main() {
    let s = ['R', 'U', 'N', 'O', 'O', 'B'];
    let mut i = 0;

    loop {
        let ch = s[i];
        if ch == 'O' {
            break;
        }
        print!("{}", ch);
        i += 1;
    }

    println!();
}
```

程序输出为：

```
RUN
```

loop 循环中至少有一个 break 语句用于退出循环，否则将变成死循环。当然，肉眼可见的死循环编译器也能看出来，所以没有 break 的 loop 循环不会通过编译。

loop 循环是这三种循环中唯一支持函数表达式的循环：

```
fn main() {
    let s = ['R', 'U', 'N', 'O', 'O', 'B'];
    let mut i = 0;

    let location = loop {
        let ch = s[i];
        if ch == 'O' {
            break i;  // 返回找到的字符的下标
        }
        i += 1;
    };

    println!(" \'O\' 的下标为 {}", location);
}
```

loop 循环的函数表达式返回值可以通过 break 语句设置。这段程序输出为：

```
'O' 的下标为 3
```

第 10 章

所　有　权

计算机程序必须在运行时管理它们所使用的内存资源，大多数的编程语言都有管理内存的功能。本章将详细阐述 Rust 语言的内存管理机制，这也是 Rust 语言最具特色的两点之一。

10.1　内存管理

10.1.1　内存的概念

许多人会将内存与硬盘存储空间的概念混淆，但是，不论从哪个层面上来说，内存与硬盘存储空间都是完全不同的两个概念。

内存是现代计算机三个基本要素之一，它是一种可随机访问的存储器，即 RAM (Random Accsee Memory)。所谓的“随机访问”就是指内存空间中的任何位置都可以被高速地读取或写入。内存能做到高速访问的代价之一就是只能在通电的情况下存储数据，一旦断电，内存设备将直接丢弃所有数据。因此，内存仅用于存储处在运行状态的程序的数据，这些数据就是所定义的一切变量和常量。

当用编程语言编写的程序被运行时，其所有的变量、常量和其他运行时数据都被存放在内存中。这些数据主要分为可预测大小的数据和不可预测大小的数据。可预测大小的数据包括所有的常量、静态变量以及函数中的变量；不可预测大小的数据主要指一些外部输入的数据，如从键盘上读取的或从文件中读取的。

对于常量和静态变量来说，它们的生命周期从程序运行开始到程序终止。这类数据的处理方式非常简单，只在程序开始运行时被分配，并在程序运行结束时被释放。内存中存储它们的区域被称为静态内存区。

对于函数中的变量来说，它们的生命周期更加灵活，从其所在的函数被调用时开始到函数返回时结束。这类数据的生命周期并不贯穿整个程序的运行过程，所以对它们的管理一般会通过一种叫作“栈”的底层数据结构实现。内存中有一个叫作“栈区”的内存区用来存放这些数据。

最后一种大小不确定的数据是最难管理的。这类数据的使用几乎没有限制，由于大小不确定，所以无法在编译时分配内存，只能在使用时由程序向系统申请，并在这些数据不再被使用时由程序释放。这些数据被一个叫作“堆”的底层数据结构存储，内存中有一个叫作“堆区”的内存区用来存放这些数据。

10.1.2 主流的内存管理机制

计算机管理静态内存区和栈区的方式都很成熟，因为存放在这两种内存区的数据的生命周期在编译阶段就可以被确定，所以在编译阶段编译器就可以用某种方法使过期的数据被释放。但是存放在堆区的数据的生命周期是无法在编译时被确定的，对这类数据的释放处理是编程语言在发展过程中研究的热门内容。

以下是几种主流的处理方式。

1. 手动管理

这种管理机制以 C 语言为代表，主要通过手动方式管理内存。开发者必须手动申请和释放内存资源。由于人为的手动管理会降低开发效率和程序的可靠性，所以为了提高开发效率和程序的可靠性，在不影响程序功能实现的情况下，许多开发者没有及时释放内存的习惯，这会导致大量内存资源浪费。所以手动管理内存的方式不适用于可持续的进程（例如服务器程序）。

2. 运行环境管理

运行环境（Runtime）管理机制以 Java 语言为代表。Java 语言编写的程序在 Java 虚拟机（JVM）中运行，JVM 具备自动回收内存资源的功能。但由于这种方式必须在程序运行时统计数据的使用信息，所以常常会降低程序的运行效率。尽管现代的 JVM 会尽可能减少回收资源的次数，但这是以程序占用更大的内存资源为代价的。

运行环境管理机制相比于手动管理机制是一个很大的进步，它使程序在高频访问的服务器程序中可持续性表现良好。Java 语言在很长一段时间里成为了最主流的服务器编程语言。

3. 引用计数器管理

相比于以上两种内存管理方式，引用计数器管理方式更加新颖。引用计数器管理机制是指在编译和运行阶段通过对所有数据对象的引用进行计数，并在某个数据对象的引用计数小于 1 时释放该数据对象。这种方式比起运行环境管理机制中仅在运行时对引用计数的方式来说有微小的进步，它可以在编译阶段将许多可以预测的计数项自动处理从而减少运行时对数据对象计数的负担。但这种机制对一些对象的计数依然无效。

10.2 所有权机制

所有权对大多数开发者而言是一个新颖的概念，它是 Rust 语言为高效使用内存而设计的语法机制。所有权概念是为了让 Rust 在编译阶段更有效地分析内存资源的有用性以实现内存管理而诞生的概念。

在主流的自动内存管理机制中都有一个共同的特点，那就是尽量不让开发者意识到数据的产生和释放。这无疑添加了便捷性，但完全没有必要。开发者应该给予内存管理适当的关注度。所有权机制是 Rust 语言从语法层面做出的规定，旨在令编译器在编译阶段确定地判断任何数据对象的生命周期。

所有权有以下三条基本规则。

- Rust 中的每个数据对象都必须由一个变量代表，这个变量称为其所有者。
- 一个数据对象只能同时被一个所有者所有。
- 当所有者不再可用时，数据对象的生命周期结束。

这三条规则是所有权概念的基础。

接下来将介绍与所有权有关的概念。

10.2.1 变量范围

“变量”是由“标识符”表示的语法概念，所以变量的范围只在语法层面上有意义。

```
{
    // 在声明以前，变量 s 无效
    let s = "runoob";
    // 这里是变量 s 的可用范围
}
// 变量范围已经结束，变量 s 无效
```

变量范围是变量的一个重要的属性，其代表变量在代码中的可用区域，该区域默认从声明变量开始到变量所在域结束为止。

10.2.2 生命周期

生命周期（Lifetime）是指变量可用的时间区间。但是在程序运行的过程中，程序本身是固定的，所以时间与代码的流程存在直接关联，程序中任何变量的生命周期都可以用程序本身的进度来体现。也就是说，变量的生命周期可以描述为从哪一步开始到哪一步结束。

默认情况下，变量的生命周期只在变量的有效范围内。但是在 Rust 中，生命周期是可以被标识符表示的语法元素，详细的使用方式会在下文中阐述。

Rust 生命周期机制是与所有权机制同等重要的资源管理机制，之所以引入这个概念，主要是为了应对复杂类型系统中资源管理的问题。

在图 10-1 所示的程序中，'a 表示变量 r 的生命周期，'b 表示变量 x 的生命周期。这段代码是不会通过 Rust 编译器的，原因是 r 所引用的 x 已经在使用之前被释放，r 成为了典型的“垂悬引用”。这里的生命周期是由编译器判断的，所以不需要在程序中声明生命周期。但在有些情况下编译器无法判断生命周期范围，这会在后续的章节中详细阐述。

```
{
    let r;                          'a

    {
        let x = 5;   'b
        r = &x;
    }

    println!("r: {}", r);
}
```

图 10-1　生命周期

10.2.3　转移

数据实体所有权的转移（Move）是所有权机制的基本操作之一，另一种所有权的基本操作方式叫作复制。

```
let x = String::from("Some data");
let y = x;
println!("{}", x);
```

这段代码看上去似乎没什么问题，但它并不能通过编译，错误信息如下：

错误

```
error[E0382]: borrow of moved value: 'x'
 --> src\main.rs:5:20
  |
3 |     let x = String::from("Some data");
  |         - move occurs because 'x' has type `String`, which does not implement
the `Copy` trait
4 |     let y = x;
  |             - value moved here
5 |     println!("{}", x);
  |                    ^ value borrowed here after move
```

根据错误信息得知，x 变量被禁止在所有权转移之后使用。

所有权的转移操作适用于没有实现复制方法的数据实体。由于任何数据实体只能有一个所有者，当一个变量所代表的数据实体被赋值给另一个变量时，该数据实体的所有权将发生变更，原有的变量将不再是该数据实体的所有者，因此不能代表该数据实体实行所有权。

所有权转移机制保障了数据实体在程序运行中始终只有一个变量代表，从而保障了数据实体本身的生命周期与变量的生命周期挂钩，为编译器及时回收数据实体提供了可能。

10.2.4　复制

数据实体的复制（Copy）也是所有权机制的基本操作之一。

```
let x = 10000;
```

```
let y = x;
println!("{}", x);
```

这段程序与上一段程序相比虽然类似，但是它是正确的。x 是一个代表 i32 类型数据实体的变量，i32 类型的整数实现了自动的复制方法（还没有讲到“特性”，我暂时这样说）。除了 i32 类型以外，所有的基础原子类型，包括 u32、i64、f32、f64 等，都实现了这个方法。这种数据实体在赋值时会直接复制一份数据（因为它们往往很小）给新的变量而不会转移原来的变量对数据实体的所有权。

常见的可复制变量类型如下。

- 所有整数类型，例如 i32、u32、i64 等。
- 布尔类型 bool，值为 true 或 false。
- 所有浮点类型，f32 和 f64。
- 字符类型 char。
- 仅包含以上类型数据的元组（Tuples）。

10.2.5 引用和借用

引用（Reference）是变量的一种代表形式，其本身是一种变量类型。这个概念对于 C++ 开发者来说较为熟悉，它的底层实现原理是指针（Pointer）。

```
fn main() {
    let s1 = String::from("hello");
    let s2 = &s1;
    println!("s1 is \"{}\", s2 is \"{}\"", s1, s2);
}
```

程序输出为：

```
s1 is "hello", s2 is "hello"
```

引用在概念上是个名词，而借用（Borrow）在概念上是与所有权相关的动词。在 Rust 中，引用的本质是对变量所有权的借用。借用操作的运算符是“&”。

借用的意义在于借用所有权，因为有时一个变量可能有多个使用者，但所有者只能有一个，所以除了所有者外，其他的变量只能通过借用实现对变量的使用。借用的结果是引用类型的实体，使用的方式与使用其原型（借用来源）一模一样。

注意：引用的生命周期必须在其引用的数据实体周期范围以内。

10.2.6 垂悬引用

如果一个引用的生命周期有可能超过其引用源的生命周期，就称这种引用为垂悬引用（Dangling References）。因为垂悬引用就像失去悬挂物体的绳子，所以得名。它们的存在形式类似于C/C++中的空指针或者野指针。

垂悬引用在Rust语言里不允许出现，如果有，编译器会发现它。

下面是一个垂悬引用的典型案例：

```
fn main() {
    let reference_to_nothing = dangle();
}

fn dangle() -> &String {
    let s = String::from("hello");
    &s
}
```

很显然，伴随着 dangle 函数的结束，其局部变量的值本身没有被当作返回值，被释放了。但它的引用却被返回，这个引用所指向的值已经不能确定地存在，故不允许其出现。

10.3 与函数相关的所有权

10.3.1 参数所有权

除了赋值以外，函数调用中参数的传递同样会影响变量的所有权。这个过程往往更难以判断，因为函数的执行过程与在顺序结构中的赋值相比更加隐蔽。

下面这段程序包含了函数调用时所有权机制的运行过程：

```
fn main() {
    let s = String::from("hello");
    // s 被声明有效

    takes_ownership(s);
    // s 的值被当作参数传入函数，此时 s 所有权已经被转移，从这里开始已经无效

    let x = 5;
    // x 被声明有效

    makes_copy(x);
    // x 的值被当作参数传入函数，但 x 是基本类型，依然有效

} // 函数结束，x 被释放，然后是 s。但 s 所有权已被转移，所以不用被释放

fn takes_ownership(some_string: String) {
    // 一个 String 参数 some_string 传入，获得所有权
    println!("{}", some_string);
```

```
} // 函数结束, 参数 some_string 在这里释放

fn makes_copy(some_integer: i32) {
    // 一个 i32 参数 some_integer 传入，有效
    println!("{}", some_integer);
} // 函数结束, 参数 some_integer 是基本类型, 无须释放
```

上面的程序中有三个函数，主函数调用了其他两个函数并在调用时向它们传递了参数值。其中，字符串 s 在传入函数之后其所有权被转移到函数的参数中，主函数将无法再使用这个变量。这种现象是所有权机制中唯一拥有者特性的表现。想象一下，如果某个子函数获得了某个变量并将它偷偷传给其他数据结构，那么对这个变量的管理将陷入混乱，所以不妨直接把所有权转移给那个子函数。

当然很多情况下只是暂时允许子函数使用某个变量而不希望失去这个变量的所有权，这种情况可以用引用机制来实现：

```
fn main() {
    let s = String::from("hello");
    reference(&s);
    println!("来自主函数: {}", s);
}

fn reference(some_string: &String) {
    println!("来自子函数: {}", some_string);
}
```

程序输出为：

```
来自子函数: hello
来自主函数: hello
```

这段程序中子函数仅借用了变量 s 的使用权而没有获得其所有权，所以主函数在调用子函数之后依然可以使用变量 s，释放 s 的过程将在主函数失去所有权之后。

10.3.2　返回值所有权

一些具有返回值的函数的返回值也有所有权的概念：

```
fn main() {
    let s1 = gives_ownership();
    // gives_ownership 转移它的返回值的所有权到变量 s1

    let s2 = String::from("hello");
    // s2 被声明有效
```

```
    let s3 = takes_and_gives_back(s2);
    // s2 被当作参数转移所有权, s3 获得返回值所有权
} // s3 被释放, s2 所有权被转移无须释放, s1 被释放

fn gives_ownership() -> String {
    let some_string = String::from("hello");
    // some_string 被声明有效

    return some_string;
    // some_string 作为返回值所有权被转移出函数
}

fn takes_and_gives_back(a_string: String) -> String {
    // a_string 获得所有权
    return a_string;  // a_string 作为返回值所有权被转移出函数
}
```

正如程序中所反映出的规则那样：函数返回值也具有所有权，它在函数返回时诞生并直接转移给父函数用于接纳返回值的变量。

10.4 引用类型

在 Rust 语言中，引用（References）是一种类型，代表数据实体的使用权。任何类型都有它的引用类型，甚至包括引用类型本身。

```
let a: SomeType;                // a 是 SomeType 类型的数据
let b: &SomeType = &a;          // b 是 a 的引用, 是 &SomeType 类型
let c: &&SomeType = &b;         // c 是 b 的引用, 是 &&SomeType 类型, 是 a 的引用
let ar: &[SomeType];            // ar 是某种数组的引用类型
```

引用类型往往用于借用无法被复制的数据对象的使用权，如果一个数据极其简单，例如 i32、i64、f64 等基础类型，往往不需要引用，可以直接传递对象的值。

10.4.1 引用的用途

引用类型作为与其他类型平等的一种数据类型，能用变量的地方就能用引用。但是引用类型最常用的两个地方是函数参数和结构体。由于现在还没有介绍到结构体，所以有关 Rust 结构体引用类型的信息将在 12.1 节（结构体）中进行讨论。

引用类型常常作为函数的参数类型用于传递不支持复制的参数：

```
fn main() {
    let s1 = String::from("hello");
```

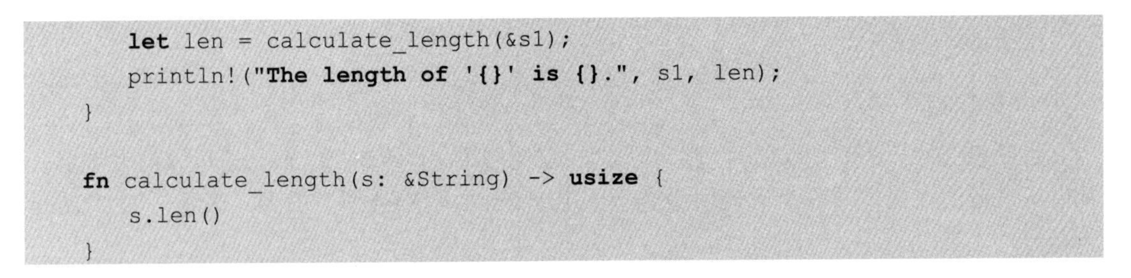

```
    let len = calculate_length(&s1);
    println!("The length of '{}' is {}.", s1, len);
}

fn calculate_length(s: &String) -> usize {
    s.len()
}
```

程序输出为：

```
The length of 'hello' is 5.
```

字符串类型是一种典型的不支持复制的数据类型，所以函数 calculate_length 参数中的字符串 s 是字符串类型的引用类型&String。

10.4.2　可变引用

在 4.1 节（变量）中引入过 mut 关键字，这个关键字可以使变量的值可变。

错误

```
fn main() {
    let mut s1 = String::from("String;");
    add_suffix(&s1);
    println!("{}", s1);
}

fn add_suffix(s: &String) {
    s.push_str("SUFFIX");
}
```

这是段错误的程序。这段程序中 add_suffix 函数意在向其参数 s 字符串的结尾添加一个后缀，它的错误在于虽然在调用函数 add_suffix 时传入的实参源数据 s1 是可变的，但是形参 s 和实参“&s1”都没有向 s1 借用修改权，因此在函数 add_suffix 中只拥有对字符串 s1 的读取使用权，不能修改它的值。所以正确的写法是：

```
fn main() {
    let mut s1 = String::from("String;");
    add_suffix(&mut s1);
    println!("{}", s1);
}

fn add_suffix(s: &mut String) {
    s.push_str("SUFFIX");
}
```

程序输出为：

```
String;SUFFIX
```

如果想引用一个可变变量并想在引用之后保留修改权，应该用“&mut”运算符来借用。其借用之后的引用类型称为可变引用类型，用“&mut 基础类型”的形式表示，如“&mut String”。

注意：

（1）如果一个可变的变量被不可变地借用，在其产生的不可变引用生命周期内无法使用修改权：

```
fn main() {
    let mut s1 = String::from("1");
    let r = &s1;            // 不可变引用
    s1.push_str("2");       // 错误！存在不可变引用
    println!("{}", r);
}
```

错误

（2）如果一个变量被可变地借用，那么在引用的生命周期结束以前该变量不能存在任何其他借用：

```
fn main() {
    let mut s1 = String::from("1");
    let r1 = &mut s1;           // 第一次可变借用
    let r2 = &s1;               // 错误！已被可变借用
    println!("{}", r1);
}
```

错误

10.4.3 解引用运算符

通过借用产生的引用类型实例能在一定程度上代表其引用的事物本身，但归根结底它毕竟是个引用类型实例而不是源数据类型实例，有些操作是无法仅通过引用来实现的。

```
fn swap(a: &mut i32, b: &mut i32) {
    let t = a;
    a = b;
    b = t;
}
```

错误

这是个交换两个整数值的函数，但这样写并无法通过编译器，原因是：t = a、a = b、b = t 这三个语句不是在对 i32 类型赋值，而是在对“&i32”类型赋值。

这里所思考的含义是先把 a 的值（一个 i32 类型的整数）赋值给 t，然后把 b 的值赋给 a 的本体，再把 t 的值赋给 a 的本体。

在 Rust 中，在引用之前添加“*”解引用运算符可以表示引用的本体：

```
fn swap(a: &mut i32, b: &mut i32) {
    let t = *a;
    *a = *b;
    *b = t;
}

fn main() {
    let mut a = 0;
    let mut b = 1;
    swap(&mut a, &mut b);
    println!("a = {}  b = {}", a, b);
}
```

程序输出为：

```
a = 1  b = 0
```

第 11 章

切 片 类 型

切片（Slice）是指对数据值的部分引用。

切片这个名字往往出现在生物课上，做样本玻片的时候要从生物体上获取切片，以供在显微镜上观察。在 Rust 中，切片的意思大致也是这样，只不过它从数据取材引用。

11.1　字符串切片

最简单、最常用的数据切片类型是字符串切片（String Slice）。

```
fn main() {
    let s: String = String::from("broadcast");

    let part1: &str = &s[0..5];
    let part2: &str = &s[5..9];

    println!("{}={}+{}", s, part1, part2);
}
```

程序输出为：

```
broadcast=broad+cast
```

如图 11-1 所示，切片类型的本质是对现有数据的部分引用。

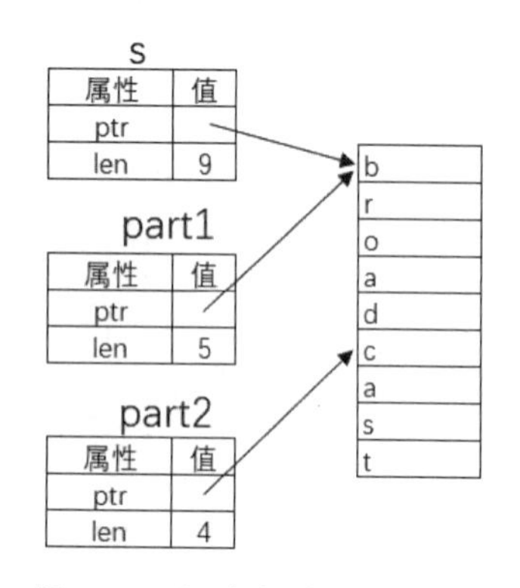

图 11-1　切片类型的内存原理

Rust 中字符串常量就是以字符串切片类型存在的：

```
let s: &str = "hello";
```

这里的 s 就是一个字符串切片类型的变量。

字符串切片类型的数据是不可改变的，Rust 中没有什么函数或方法可以改变字符串切片类型数据的内容。

如果要获取某个字符串的字符串切片，可以用以下方法：

```
let string = String::from("RUNOOB");
let slice = string.as_str();
```

截取字符串切片：

```
let string = "0123456789";
let s1 = &string[1..4];     // 结果是 "123"
let s2 = &string[5..];      // 结果是 "56789"
let s3 = &string[..4];      // 结果是 "0123"
let s4 = &string[..];       // 结果是 "0123456789"
```

11.2　数组切片

除了字符串以外，其他一些线性数据结构也支持切片操作，例如数组：

```
fn main() {
    let arr: [i32; 5] = [0, 1, 2, 3, 4];
    let part: &[i32] = &arr[1..3];
    for i in part.iter() {
        println!("{}", i);
    }
}
```

程序输出为：

```
1
2
```

这段程序中 part 变量是 arr 数组的切片，part 的类型表示是“&[i32]”，即 i32 类型的数组的引用。

第 12 章

复 合 类 型

复合类型是指将一些较为简单的类型的数据集中在一起形成的一个新类型。几乎所有的语言都支持复合类型，其目的主要在于在编程语言里属性化地描述一个客观存在的东西。

Rust 中主要包含的复合类型包括结构体、枚举类和元组。

12.1 结构体

Rust 中的结构体（Structure）与元组（Tuple）都可以将若干类型不一定相同的数据捆绑在一起形成整体，但结构体的每个成员和其本身都有一个名字，这样访问它成员的时候就不用记住下标了。元组常用于非定义的多值传递，而结构体用于规范常用的数据结构。结构体的每个成员叫作字段（Field）。

12.1.1 结构体的定义

以下是一个结构体定义：

```
struct Site {
    domain: String,
    name: String,
    nation: String
}
```

如果常用 C/C++，请记住在 Rust 里定义结构体语句与 C/C++相比有如下区别。

（1）定义语句仅用来定义，不能声明实例，结尾不需要“;”符号。

（2）每个字段定义之后用“,”分隔。

12.1.2 结构体的实例化

Rust 很多地方受 JavaScript 影响，在实例化结构体的时候用 JSON 对象的 key: value 语法来实现定义。

```
let runoob = Site {
```

```
    domain: String::from("www.runoob.com"),
    name: String::from("菜鸟教程"),
    nation: String::from("中国")
};
```

如果不了解 JSON 对象，可以不用管它，记住格式就可以了：

```
结构体类名 {
    字段名 : 字段值,
    ...
}
```

这样做的好处是不仅使程序更加直观，而且不需要按照定义的顺序输入成员的值。

如果正在实例化的结构体有字段名称和现存变量名称一样的，可以简化书写：

```
let domain = String::from("www.runoob.com");
let name = String::from("菜鸟教程");
let runoob = Site {
    domain,  // 等同于 domain : domain,
    name,    // 等同于 name : name,
    nation: String::from("中国")
};
```

有这样一种情况：想要新建一个结构体的实例，其中大部分属性需要被设置成与现存的一个结构体属性一样，仅需更改其中的一两个字段的值，这时可以使用结构体更新语法：

```
let runoob = Site {
    domain: String::from("www.runoob.com"),
    name: String::from("菜鸟教程"),
    nation: String::from("中国")
};

let bing = Site {
    domain: String::from("cn.bing.com"),
    name: String::from("必应"),
    ..runoob  //
};
```

注意："..runoob" 后面不可以有逗号。

这种语法不允许一成不变地复制另一个结构体实例，也就是说至少重新设定一个字段的值才能引用其他实例的值。

12.1.3 结构体所有权

从一定角度来看，结构体可以被理解成变量的容器。这在一定程度上改变了之前所描述的所有权规则。其实主要的问题有以下两个。

（1）结构体中的字段是否在被赋值时掌握所有权？

（2）结构体中引用类型字段有哪些具体细节？

关于第一个问题，答案是肯定的。结构体在实例化的过程中其中的每一个字段都必须被初始化。在初始化的过程中，字段将获得所赋值的所有权。

错误

```
struct Site {
    domain: String,
    name: String,
    nation: String
}

fn main() {
    let domain = String::from("www.runoob.com");
    let site = Site {
        domain,
        name: String::from("RUNOOB"),
        nation: String::from("China")
    };
    println!("{}", domain);    // 错误! domain 变量所有权已被转移
}
```

这段程序中的错误在于 domain 变量所有权转移到结构体 site 后尝试使用它的值。

第二个问题比第一个问题要复杂一些，因为引用往往涉及被引用数据生命周期的问题。

错误

```
struct Site {
    domain: &str,
    name: &str,
    nation: &str
}
```

如果把本章中一直使用的示例结构体 Site 中的所有字段都调整成引用类型“&str”，它将无法通过编译：

```
error[E0106]: missing lifetime specifier
--> src\main.rs:2:13
  |
2 |     domain: &str,
  |             ^ expected named lifetime parameter
  |
help: consider introducing a named lifetime parameter
  |
1 | struct Site<'a>  {
```

```
2 |     domain: &'a str,
  |
```

这是 Rust 编译器给出的错误提示，其中文含义是“期望命名的生命周期标识符”。提示信息的最下面还给出了修改建议，希望把程序改成这样：

```
struct Site<'a> {
    domain: &'a str,
    name: &'a str,
    nation: &'a str
}
```

这样的修改很有效，程序的编译被通过了。

在这段程序中，结构体后面的“<'a>”和字段中引用类型符号后的“'a”都是生命周期显式注释（Lifetime explicit annotation）。显式注解用于在编译器无法预测生命周期的地方手动标注生命周期，以帮助编译器判断垂悬引用的存在。

下面一段经典的程序案例反映了“不可预测生命周期”的情形：

错误

```
fn longer(s1: &str, s2: &str) -> &str {
    if s2.len() > s1.len() {
        return s2;
    } else {
        return s1;
    }
}
```

这段代码无法通过编译。

这段代码中的函数 longer 的作用是比较两个字符串 s1 和 s2 哪个更长，并将更长的字符串作为返回值返回。

尝试判断一下这个函数返回值的生命周期。如果 s1 字符串更长，则返回值的生命周期和 s1 的生命周期一样长；反之，返回值的生命周期和 s2 的生命周期一样长。在编译这个函数时，显然不知道 s1 和 s2 谁的长度更长，因此无法做出判断。

因此，函数 longer 必须声明参数 s1 和 s2 的生命周期：

```
fn longer<'a>(s1: &'a str, s2: &'a str) -> &'a str {
    if s2.len() > s1.len() {
        return s2;
    } else {
        return s1;
    }
}
```

这里用“'a”生命周期显式注释声明了函数 longer 的两个参数 s1 和 s2 以及返回值的生

命周期一样长。

在结构体中道理一样，但寻找一个便于理解的案例是一件很难的事情，目前还没遇到这样一个令人一目了然的关于结构体内引用类型生命周期矛盾的案例，所以先用函数的案例帮助理解。如果暂时难以理解生命周期显式注释的相关原理，也可以简单地认为只要在结构体里使用引用类型，就一定要在“&”符号后面加个“'a”即可。

12.1.4 结构体方法

Rust 中的方法（Method）是用来操作结构体实例的函数。如果学习过 C++语言或者 Java 语言，那可以很容易理解它：结构体方法相当于类中的函数。

```
struct Rectangle {
    width: u32,
    height: u32,
}

impl Rectangle {
    fn area(&self) -> u32 {
        self.width * self.height
    }
}

fn main() {
    let rect1 = Rectangle { width: 30, height: 50 };
    println!("rect1's area is {}", rect1.area());
}
```

程序输出为：

```
rect1's area is 1500
```

Rectangle 是一个结构体，表示一个矩形。其中包含两个字段 width 和 height，分别表示矩形的宽度和高度。

在声明结构体之后声明了一个 impl 语句块。impl 语句块是结构体的方法语句块，这种语句块的名字与它所属的结构体一样。impl 语句块里面可以包含若干函数，每个函数都表示结构体的一个方法。

方法的第一个参数必须是“&self”，它表示所操作的结构体对象本身（相当于 C++和 Java 中的 this）。这个参数如果不写则相当于一个静态函数，它将不能基于对象被调用。

注意：“&self” 不需声明类型，因为 self 不是一种风格而是关键字。

主函数中 “rect1.area()” 语句就是通过 rect1 实例调用了它的 area 方法用于求 rect1 实例自己的面积大小。

一个 ipml 块中可以有多个方法，每个方法可以有多个函数：

```
struct Rectangle {
    width: u32,
    height: u32,
}

impl Rectangle {
    fn area(&self) -> u32 {
        self.width * self.height
    }

    fn wider(&self, rect: &Rectangle) -> bool {
        self.width > rect.width
    }
}

fn main() {
    let rect1 = Rectangle { width: 30, height: 50 };
    let rect2 = Rectangle { width: 40, height: 20 };

    println!("{}", rect1.wider(&rect2));
}
```

程序输出为：

```
false
```

wider 方法是一个含参的方法，它用于比较一个矩形是否宽于另一个矩形。它的第一个参数是自己，第二个参数是另一个矩形的引用。在调用时，“rect1.wider(&rect2)”完成了两个矩形宽度的比较。

impl 也可以分成几部分写，其效果等同。上一段程序里的 impl 块也可以写作：

```
impl Rectangle {
    fn area(&self) -> u32 {
        self.width * self.height
    }
}
impl Rectangle {
    fn wider(&self, rect: &Rectangle) -> bool {
        self.area() > rect.area()
    }
}
```

12.1.5 元组结构体

有一种更简单的定义和使用结构体的方式：元组结构体（Tuple Structure）。

元组结构体是一种形式为元组的结构体：

```
struct Color(u8, u8, u8);
let black = Color(0, 0, 0);
```

与元组的区别是它有名字和固定的类型格式。它存在的意义是为了处理那些需要定义类型（经常使用）又不想太复杂的简单数据。

“颜色”和“点坐标”是常用的两种数据类型，但如果实例化时写个大括号再写上两个名字，就会为了可读性牺牲了便捷性，Rust 不会遗留这个问题。元组结构体对象的使用方式和元组一样，通过“.”和下标来进行访问：

```
fn main() {
    struct Color(u8, u8, u8);
    struct Point(f64, f64);

    let black = Color(0, 0, 0);
    let origin = Point(0.0, 0.0);

    println!("black = ({}, {}, {})", black.0, black.1, black.2);
    println!("origin = ({}, {})", origin.0, origin.1);
}
```

程序输出为：

```
black = (0, 0, 0)
origin = (0, 0)
```

12.1.6 单元结构体

结构体可以只作为一种象征而无须任何成员：

```
struct UnitStruct;
```

这种没有身体的结构体称为单元结构体（Unit Structure）。

12.2 枚举类

枚举类（Enumerable）是编程语言中十分流行的概念，它常被用于描述只含有若干可命名值的数据类型。

在 Rust 中枚举类并不像其他编程语言中的那样简单。Rust 中的枚举类不仅能表示可命名的值，还能进一步记录命名值的详细信息。

12.2.1　枚举类的定义

```
#[derive(Debug)]
enum Color {
    Red,
    Green,
    Blue
}

fn main() {
    let color = Color::Red;
    println!("{:?}", color);
}
```

程序输出为：

```
Red
```

如这段程序所示，枚举类的定义方式是：

```
enum 枚举类名称 {
    值 1,
    值 2,
    ...
}
```

如果现在要开发一个图书管理程序，该程序要管理图书(Book)，其中包括纸质书(Papery)和电子书（Electronic）。两种书含有不同的属性，纸质书有索书号，电子书只有 URL。

```
enum Book {
    Papery,
    Electronic
}
```

这是 Book 枚举类的初步定义。在 Rust 的枚举类中，枚举项可以包含属性：

```
enum Book {
    Papery(u32),
    Electronic(String),
}
```

这是包含了属性的枚举类的定义。可以用以下形式的语句实例化包含属性的枚举类：

```
let book = Book::Papery(1001);
let ebook = Book::Electronic(String::from("https://runoob.com/rust"));
```

如果有必要，不仅可以用元组的形式声明枚举项的属性，还可以用结构体的键值命名语法声明枚举类的属性：

```
enum Book {
    Papery {
        index: u32
    },

    Electronic {
        url: String
    },
}
```

这种枚举类对应的实例化语法类似于：

```
let book = Book::Papery { index: 1001 };
let ebook = Book::Electronic {
    url: String::from("https://runoob.com/rust")
};
```

12.2.2 枚举类的 match 语法

“switch 语法就是为了枚举类而设计的”，这是一个开发者的名言。这句话有一定的道理，因为选择分支结构往往用于可枚举项的处理。

Rust 中 match 是处理枚举类的主要方法。

```
enum Book {
    Papery { index: u32 },
    Electronic { url: String },
}

fn main() {
    let book = Book::Papery{ index: 1001 };

    match book {
        Book::Papery { index } => {
            println!("Papery book {}", index);
        },
        Book::Electronic { url } => {
            println!("E-book {}", url);
        }
```

```
    }
}
```

程序输出为：

```
Papery book 1001
```

如果 Book 枚举类使用元组语法定义枚举项属性：

```
enum Book {
    Papery(u32),
    Electronic { url: String },
}
```

那么 match 语句块将被改写成：

```
match book {
    Book::Papery(index) => {
        println!("Papery book {}", index);
    },

    Book::Electronic { url } => {
        println!("E-book {}", url);
    }
}
```

12.2.3　if-let 语法

如果仅想在枚举类的值等于某个枚举项时执行某个操作，match 语法会显得较为冗长，这时可以使用 if-let 语法：

```
enum Book {
    Papery { index: u32 },
    Electronic { url: String },
}

fn main() {
    let book = Book::Electronic{
        url: String::from("https://runoob.com/rust")
    };

    if let Book::Electronic { url } = book {
        println!("URL is {}", url)
    }
}
```

程序输出为：

```
URL is https://runoob.com/rust
```

这段程序等同于：

```
match book {
    Book::Electronic { url } => {
        println!("URL is {}", url)
    },

    _ => {}
}
```

if-let 语法格式如下：

```
if let 匹配值 = 源变量 {
    语句块
}
```

if-let 语法可以在之后添加一个 else 块来处理例外情况：

```
enum Book {
    Papery(u32),
    Electronic(String)
}

let book = Book::Electronic(String::from("url"));

if let Book::Papery(index) = book {
    println!("Papery {}", index);
}
else {
    println!("Not papery book");
}
```

if -let 语法可以认为是 match 语句的“语法糖”（语法糖指的是与某种语法原理相同的便捷替代品）。

12.2.4 枚举类的方法

枚举类和结构体同样可以使用 impl 语句块编写方法。

现在用枚举类编写一个交通信号灯，它的值可以是红（Red）、黄（Yellow）、绿（Green）。

```
enum Signal {
```

```
    Red,
    Yellow,
    Green
}
```

现在为这个枚举类添加三个函数“red()”“yellow()”“green()”，用于设定交通信号灯的值：

```
impl Signal {
    fn red(&mut self) {
        *self = Signal::Red;
    }

    fn yellow(&mut self) {
        *self = Signal::Yellow;
    }

    fn green(&mut self) {
        *self = Signal::Green;
    }
}
```

这样就可以通过方法来操作交通信号灯了：

```
fn main() {
    let mut signal = Signal::Red;          // 初始红灯
    println!("{:?}", signal);
    signal.yellow();                       // 调成黄灯
    println!("{:?}", signal);
    signal.green();                        // 调成绿灯
    println!("{:?}", signal);
    signal.red();                          // 调成红灯
    println!("{:?}", signal);
}
```

程序输出为：

```
Red
Yellow
Green
Red
```

第 13 章 泛　　型

有些类型在定义时难以彻底声明一切，例如链表。链表是一种线性数据结构，里面可以存储各种类型的数据，但在编写链表的库时开发者不能规定这是一种什么数据类型的链表，否则它将只能是某种数据类型的链表。

泛型是编程语言不可或缺的机制。C++语言中用“模板”来实现泛型，而 C 语言中没有泛型的机制，这也导致 C 语言难以构建类型复杂的工程。

13.1 泛型函数

Rust 中的泛型不仅适用于结构体和枚举类，还适用于函数。

```
fn get_last(array: &[i32]) -> i32 {
    array[array.len() - 1]
}

fn main() {
    let a = [2, 4, 6, 3, 1];
    println!("a 的最后一个元素是 {}", get_last(&a));
}
```

程序输出为：

```
a 的最后一个元素是 1
```

“get_last”是个取出 i32 数组最后一个元素的函数，但它也只能从 i32 数组取出最后一个元素。

如果想开发一个“万能函数”，能够取出各种类型数组的最后一个元素，就必须使用泛型函数的语法：

```
fn get_last<T>(array: &[T]) -> &T {
    &array[array.len() - 1]
}
```

这样它就可以取出任意类型数组的最后一项了：

```
fn main() {
    let a = ["Ada", "Bert", "C++"];
    println!("a 的最后一个元素是 {}", get_last::<&str>(&a));
}
```

程序输出为：

```
a 的最后一个元素是 C++
```

调用泛型函数的语法如下：

```
函数名::<泛型>(参数...)
```

13.2　复合类型的泛型

Rust 中的结构体和枚举类都支持泛型机制。

13.2.1　泛型结构体

```
struct Point<T> {
    x: T,
    y: T
}
```

这是一个描述数学中平面直角坐标系“坐标点”的结构体，包含属性 x 和 y。它使用了泛型标识符 T，x 和 y 都是 T 类型的属性。

泛型结构体的实例化方法如下：

```
// i32 类型的坐标点
let point = Point::<i32> {
    x: 1,
    y: 2
};

// f64 类型的坐标点
let point = Point::<f64> {
    x: 1.0,
    y: 2.0
};
```

泛型结构体支持自动类型判断：

```
let p1 = Point {x: 1, y: 2};
```

```
let p2 = Point {x: 1.0, y: 2.0};
```

这两个语句完全等效于：

```
let p1: Point<i32> = Point::<i32> {x: 1, y: 2};
let p2: Point<f64> = Point::<f64> {x: 1.0, y: 2.0};
```

但如果自动类型判断发生逻辑冲突，编译器会阻止编译通过：

```
let p = Point {x: 1, y: 2.0};
```

经判断，x 和 y 都是 T 类型的数据，它们的数据类型相同，所以如果给它们赋不同类型的初始值会发生错误。如果想允许 x 和 y 的数据类型不同，可以使用多泛型：

```
struct Point<T1, T2> {
    x: T1,
    y: T2
}

fn main() {
    let p = Point {x: 1, y: 2.0};
}
```

13.2.2 泛型枚举类

枚举类也支持泛型机制。

```
enum Shape<T> {
    Rectangle(T, T),
    Cube(T, T, T)
}
```

这是个几何图形枚举类，包含两个枚举项：矩形（Rectangle）和立方体（Cube）。其中矩形包含长和宽两个属性，立方体包含长、宽、高三个属性。

以下是枚举类的几种实例化方法：

```
// i32 自动类型判断
let s1 = Shape::Rectangle(1, 2);

// f64 自动类型判断
let s2 = Shape::Cube(1.0, 2.0, 3.0);

// i32 类型声明 + 自动类型判断
let s3: Shape<i32> = Shape::Rectangle(1, 2);
```

```
// f64 类型声明 + 泛型声明
let s4: Shape<f64> = Shape::<f64>::Cube(1.0, 2.0, 3.0);
```

13.3 impl 泛型

impl 块用于包含结构体和枚举类的方法。对于泛型的结构体和枚举类来说，impl 实现它们的方法有两种方式：一种是对泛型类直接实现方法，另一种是对具体类实现方法。

13.3.1 对泛型类实现方法

```
struct Point<T> {
    x: T,
    y: T
}

impl<T> Point<T> {
    fn get_x(&self) -> &T {
        &self.x
    }

    fn get_y(&self) -> &T {
        &self.y
    }
}

fn main() {
    let point = Point { x: 3.0, y: 4.0 };
    println!("point is ({}, {})", point.get_x(), point.get_y());
}
```

程序输出为：

```
point is (3, 4)
```

这是一种对泛型类实现方法的案例。Point 结构体包含 x 和 y 两个属性，都是 T 泛型。这个程序实现了“get_x”和“get_y”两个方法分别用于获取 Point 对象的 x 和 y。

其中，impl 块有两个泛型声明：

```
        ①        ②
        ↓        ↓
impl<T> Point<T>
```

问题在于声明①从属于声明②还是声明②从属于声明①，也就是这两处类型声明谁是本源的问题。答案是：第②处声明是本源，第①处声明从属于第②处声明。

在 impl 块中所有的 T 都代表第①处的 T 所声明的类型，而第①处的 T 代表第②处的 T 所声明的类型。所以，整个 impl 块上的 T 实际上都是指第②处声明所代表的类型，如果尝试只写第①处泛型声明将会出错。

错误

```
struct Point {
    x: f64,
    y: f64
}

impl<T> Point {
    fn get_x(&self) -> T {
        self.x as T
    }
}
```

这段程序将无法通过编译，因为 T 无法被判断为类型。

13.3.2 对具体类实现方法

```
struct Point<T> {
    x: T,
    y: T
}

impl Point<f64> {
    fn get_x(&self) -> f64 {
        self.x
    }

    fn get_y(&self) -> f64 {
        self.y
    }
}
```

这是泛型具体类的方法实现过程。一个泛型类，一旦具体化类型之后就会与普通类相同，所以对泛型具体类的方法实现和普通类没有区别。

13.3.3 泛型方法

方法是 impl 块中的函数，既然函数可以泛型，方法当然也可以。但是这种情况几乎不存在：一个非泛型类能拥有一个泛型方法。所以一般泛型方法仅用于泛型类（尽管这种情况也很少）。

```
struct Data<A, B> {
    x: A,
    y: B
}

impl<A, B> Data<A, B> {
    fn mix<C, D>(self, other: Data<C, D>) -> Data<A, D> {
        Data {
            x: self.x,
            y: other.y,
        }
    }
}
```

Data 是一个包含两个不同类型数据的结构体，mix 方法用于令 Data 对象将自己的 x 数据和另一个 Data 对象的 y 数据融合成一个新的 Data 对象。

如果在主函数中调用：

```
fn main() {
    let a = Data {
        x: 123.45,
        y: "67890"
    };

    let b = Data {
        x: 9876,
        y: String::from("54321")
    };

    println!("{:?}", a.mix(b));
}
```

则程序输出为：

```
Data { x: 123.45, y: "54321" }
```

第 14 章

错误处理与空值

如果说计算机发展至今，什么造成的损失最大，那么一定是程序中的没预料到的错误。如果在这类错误中再找一类数量最多的，那一定是空指针异常。

程序的错误在所难免，因为开发程序的过程中无法预料到所有使用中的情况。程序错误造成的损失累计达几百亿美元，这使得处理错误成为了现代编程语言不可缺少的能力。

14.1 错误与错误处理

Rust 语言有一套独特的处理异常情况的机制，它并不像其他语言中的 try 机制那样简单。在学习错误处理机制以前必须对程序错误相关的概念有所了解。

程序中一般会出现两种错误：可恢复错误和不可恢复错误。

可恢复错误的典型案例是文件访问错误。如果访问一个文件失败，有可能是因为它正在被占用，这类错误常常被开发者考虑到，它们的出现是正常的，程序应该具备应对它们的方法以防止这些错误发生时程序停止执行。

但还有一种错误是由编程中无法解决的逻辑错误导致的，例如访问数组末尾以外的位置。这类错误从开发到构建都无法预料，一旦产生就只能停止执行，因此称为不可恢复错误。

14.2 不可恢复错误

错误

```
fn get_int() -> usize {
    10
}

fn main() {
    let a = [1, 2, 3, 4, 5];
    let i = get_int();
    println!("{}", a[i]);
}
```

这段程序可以通过编译，但如果执行就会输出以下文字：

```
thread 'main' panicked at 'index out of bounds: the len is 5 but the index is 10', src/main.rs:9:20
stack backtrace:
   0: rust_begin_unwind
             at /rustc/library/std/src/panicking.rs:493:5
   1: core::panicking::panic_fmt
             at /rustc/library/core/src/panicking.rs:92:14
   2: core::panicking::panic_bounds_check
             at /rustc/library/core/src/panicking.rs:69:5
   3: hello::main
             at ./src/main.rs:9:20
   4: core::ops::function::FnOnce::call_once
             at /usr/local/rustup/toolchains/stable-x86_64-unknown-linux-gnu/lib/rustlib/src/rust/library/core/src/ops/function.rs:227:5
note: Some details are omitted, run with `RUST_BACKTRACE=full` for a verbose backtrace.
error: process didn't exit successfully: `target\debug\hello.exe` (exit code: 101)
```

这种错误就是典型的不可恢复错误，它会使进程停止执行。不可恢复错误会输出错误的原因和堆栈回溯信息以帮助开发者修复程序漏洞。

对于当前开发者来说，如果有些情况属于不可恢复错误，需要把它反馈给之前编写所调用程序的开发者，可以使用 panic! 宏：

```
fn main() {
    panic!("error occurred");
    println!("Hello, Rust");
}
```

这段程序不会输出“Hello, Rust”，因为在输出它以前，panic! 宏输出了错误信息“error occurred”并终止了进程。

14.3　可恢复错误

可恢复错误之所以可恢复，就是因为它能在错误可能发生的地方向开发者传递错误可能发生的信息。许多编程语言使用 try 块实现这一点：

Java

```
try {
    int i = 1 / 0;
} catch (Exception e) {
    e.printStackTrace();
```

```
}
```

这是一段 Java 中处理异常的代码，try 块中发生的异常都会被捕获并跳转到对应的 catch 块中被处理，catch 块要声明异常的类型与代表异常的对象。

虽然 try 块是一种非常方便的语法，但很可惜 Rust 中还不支持这种语法。在 Rust 中，如果一个函数在执行过程中有出错的可能，那么这个函数的返回值会有两种可能：正常的值或者是错误。因为 Rust 中有功能强大的枚举类存在，这一点是通过一个叫 Result 的枚举类实现的。

14.3.1 Result 枚举类

Result 枚举类的定义为：

```
enum Result<T, E> {
    Ok(T),
    Err(E),
}
```

它有两个枚举项 Ok 和 Err。这两个枚举项各有一个属性，如果枚举类的枚举项是 Ok 则表示结果正常，枚举项的属性就是正常的返回值；如果枚举项是 Err 则表示发生了错误，枚举项的属性表示包含异常信息的对象。

```
fn divide(a: f64, b: f64) -> Result<f64, &'static str> {
    if b != 0.0 {
        Result::Ok(a / b)
    } else {
        Result::Err("除以零")
    }
}

fn main() {
    let result = divide(1.0, 0.0);

    match result {
        Ok(value) => {
            println!("结果正常: {}", value);
        },

        Err(err) => {
            println!("出错了: {}", err);
        }
    }
}
```

程序输出为：

```
出错了：除以零
```

divide 是一个安全的除法函数，这个函数会在除法运算以前检查被除数是否为零，如果不为零则执行除法运算并返回结果，否则返回错误信息。

Result 是常用的泛型枚举类，它包含两个类型参数，第一个代表运行正常时的返回值类型，第二个代表发生异常时描述异常信息的数据对象类型。

Result 枚举类支持快速地处理异常。如果在学习或测试 Rust 语言，“仅想跑的通，不求太完美”，一旦出现错误就直接终止进程时，可以用这种方式把可恢复错误当作不可恢复错误来处理：

```
fn main() {
    let result = divide(1.0, 0.0).unwrap();
    println!("{}", result);
}
```

这里使用 Result 的 unwrap 方法直接按不可恢复错误的方式处理了可恢复错误，即进程终止。unwrap 函数的返回值类型与调用它的 Result 对象的 Ok 属性类型相同，也就是说，unwrap 会在一切正常时将正常的结果通过返回值返回，在发生异常时直接终止进程。

和 unwrap 方法几乎一样的方法还有 expect 方法。这两者唯一的区别在于 expect 方法包含一个参数，该参数是一个字符串，用于在终止进程时将一些信息输出到屏幕上。

```
fn main() {
    let result = divide(1.0, 0.0).expect("出错了!");
    println!("{}", result);
}
```

14.3.2 可恢复错误的传递

不是所有的错误都需要自己处理，有时遇到问题需要将它传递给使用开发者（用户开发者）来进行处理。

```
fn sqrt(x: f64) -> Result<f64, &'static str> {
    if x >= 0.0 { Result::Ok(x.sqrt()) }
    else { Result::Err("x 小于 0") }
}
```

这是一个自制的求浮点数平方根的函数。众所周知，负数没有实数平方根，所以在参数小于 0 的时候会返回错误。现在要编写另一个用到这个 sqrt 函数的函数并在错误发生时将错误传递给上级函数：

```
fn is_prime(x: u32) -> Result<bool, &'static str> {
    let result = sqrt(x as f64);
    match result {
        Err(err) => return Result::Err(err),
        Ok(rt) => {
            let t = (rt + 1.0).ceil() as u32;
            for i in 2..t {
                if i == x { continue; }
                if x % i == 0 { return Result::Ok(false) }
            }
            return Result::Ok(true);
        }
    }
}
```

“is_prime”是个判断正整数是否是素数的函数。函数体第一行用到了之前编写的 sqrt 函数，函数体第二行就对计算结果进行了判断，如果出错就返回错误。

由于这里的“is_prime”返回值类型与 sqrt 函数不同，所以需要手动返回异常。如果当前函数返回值类型与调用函数返回值类型一致，可以使用“?”运算符直接传递错误：

```
fn is_prime(x: u32) -> Result<f64, &'static str> {
    let result = sqrt(x as f64)?;
    let t = (result + 1.0).ceil() as u32;
    for i in 2..t {
        if i == x { continue; }
        if x % i == 0 { return Result::Ok(0.0); }
    }
    return Result::Ok(1.0);
}
```

“?”运算符的作用在于直接将错误当作返回值返回并将当前 Result 枚举类的正确值取出，以此来实现错误的传递。

14.3.3 Error 类型和它的 kind 方法

在“Result<T, E>”枚举类中有两个泛型参数，T 表示正常运行时返回值的类型，E 表示出错时错误的类型。其中，E 通常应该是 Error 类型或其衍生类型。

因为没有学习 Rust 面向对象概念的缘故，暂时无法编写一个 Error 类型。但是 Rust 标准库中关于文件处理的相关操作是经典的容易出现异常的部分。

```
use std::io;
use std::io::Read;
use std::fs::File;
```

```
fn read_text_from_file(path: &str) -> Result<String, io::Error> {
    let mut f = File::open(path)?;
    let mut s = String::new();
    f.read_to_string(&mut s)?;
    Ok(s)
}

fn main() {
    let str_file = read_text_from_file("hello.txt");
    match tr_file {
        Ok(s) => println!("{}", s),
        Err(e) => {
            match e.kind() {
                io::ErrorKind::NotFound => {
                    println!("没有这个文件");
                },
                io::ErrorKind::PermissionDenied => {
                    println!("权限不够");
                },
                _ => {
                    println!("其他错误");
                }
            }
        }
    }
}
```

“read_text_from_file”函数用于从文件中读取文本内容并返回为字符串。这个函数涉及打开文件、读取文件的子操作过程，可能会发生各种与I/O相关的异常。在主函数中调用该函数时，在出错的情况下，e代表出现的错误，e是Error的衍生类型的实例，所以可以通过kind方法获取它的类型，并根据类型输出不一样的错误提示。

14.4 “空引用”

“我把 Null 引用称为自己的十亿美元错误。”这是 Null 概念的发明者、图灵奖得主托尼·霍尔的名言。他在1965年出于编程便捷性的考虑引入了这个概念，然后迅速流行了起来。几乎二十世纪八九十年代流行的编程语言都支持 Null 空指针。之后，整个行业因 Null 造成的损失至少十亿美元。

14.4.1 Null的概念

Null常常指0，在计算机中内存地址的0表示某个数据不存在，也就是常说的空指针或空引用。空引用的主要用途在于描述变量的可行域以外表示默认的值，不指向任何数据实体。因为它的未指向特性，开发者不允许对它进行任何操作，否则会出错。由于程序运行时变量值的不确定性，编译器无法保证编译阶段不出现空指针引起的异常。

因为Null引起的缺陷，有一些语言尝试抛弃Null，不允许任何数据对象出现Null的情况。但这种尝试并没有取得成功，这种规范并没有成功流行起来。其实，Null是有存在的道理的，错误并不在Null本身而是对Null的普遍滥用。因此，现代新型编程语言采用了另一种解决方案——在保留Null机制的前提下，变量在默认情况下不可以为Null。这种方式真正流行了起来，因为它既保留了开发者在特定情况下使用Null的习惯，又规范了Null的使用。

Rust中任何变量的值都不能为Null，如果变量可能存在一个类似于Null的空值，可以使用Option枚举类。

14.4.2 Option枚举类

Option枚举类的定义如下：

```
enum Option<T> {
    None,
    Some(T),
}
```

Option枚举类包含两个枚举项：None和Some。其中，Some值包含一个泛型属性。

Option枚举类的对象表示一个可以是空值的变量值。如果变量值为空，则使用Option的None枚举项；否则，使用Some枚举项并将变量值用Some的属性表示。

```
fn index_of(arr: &[i32], em: i32) -> Option<usize> {
    let mut i: usize = 0;
    while i < arr.len() {
        if arr[i] == em {
            return Option::Some(i);
        }
        i += 1;
    }
    return Option::None;
}

fn main() {
```

```
    let arr = [1, 2, 3, 4, 5];
    let index = index_of(&arr, 3);
    if let Some(i) = index {
        println!("找到了，下标是 {}", i);
    }
    else {
        println!("元素没找到");
    }
}
```

程序输出为：

```
找到了，下标是 2
```

这段程序中的“index_of”函数用于从一个 i32 数组中找到第一个指定元素的下标并返回，也可能找不到，所以有可能返回空值。如果返回的不是空值，那么下标用 usize 类型表示，所以返回值类型是“Option<usize>”。

在主程序中使用的是 if-let 语句结构，判断 Option 枚举类的值是否为空。Option 枚举类和 Result 枚举类一样支持 unwrap 方法和 expect 方法：

```
fn main()
    let arr = [1, 2, 3, 4, 5];
    let index = index_of(&arr, 3).unwrap();
    println!("{}", index)
}
```

或者：

```
fn main() {
    let arr = [1, 2, 3, 4, 5];
    let index = index_of(&arr, 3).expect("没找到");
    println!("{}", index)
}
```

第 15 章

工程组织和访问权

“独木不成林”，任何一门编程语言如果不能组织代码都是难以深入的，几乎没有由一个源文件构成的软件工程。到目前为止，本书中鲜有涉及工程的概念，所有的操作几乎都是在 main.rs 文件中进行的，这主要是为了方便学习 Rust 语言的语法和概念，但真正的工程不可能只由一个文件组成。

本章将介绍 Rust 的工程组织机制，其中包括访问权的概念。

15.1 工程组织概念

软件具体的形态是什么？这是个流行至今的问题。

对于软件的用户来说，软件就是桌面或应用程序列表中的图标。对于有计算机使用经验的人来说，软件是可执行程序文件（Windows 中的 exe 文件或类 UNIX 系统中的 ELF 文件）。

其实，软件的构成并不是根据使用方式来设计和开发的。不论是对 Windows 系统还是对类 UNIX 系统来说，软件都是由众多包含二进制程序的文件以及它们的配置文件组成的。其中，由源代码编译产生的只有二进制程序文件，这类文件根据用途的不同又分为静态链接库、动态链接库和可执行程序三类。

静态链接库几乎不用于运行中的程序，它们只在编译、构建软件的过程中提供编译所需的二进制程序。可执行程序往往是程序执行的入口，可以被计算机用户直接调用并启动一个进程。动态链接库主要为运行中的程序提供部分程序支持，可以被运行中的程序调用。

这些基础知识有助于对 Rust 工程组织的理解。

Rust 中有三个重要的组织概念：箱（Crate）、包（Package）和模块（Module）。

15.1.1 箱

箱的英文原名是 Crate，它是对二进制程序文件的抽象。一个 Rust 工程在经过构建之后形成的结果可以是可执行程序、静态链接库或动态链接库。Rust 在引用其他的静态链接库或动态链接库时也同样用箱的概念。

15.1.2　包

包的英文原名是 Package，它的概念不仅存在于 Rust 中，还存在于许多流行的开发环境中。

包是箱的非空集合，一个包中可以最多包含一个库或含任意数量的二进制文件，但是至少包含一个箱（不管是库还是二进制文件）。

许多 Linux 发行版和编程语言都有包管理器（Package Manager），如 Python 的 pip、node.js 的 npm 或者 Debian 的 apt 等。包管理器的作用在于使用户能够快速方便地管理软件包。Rust 的包管理器和构建工具是 Cargo。

15.1.3　模块

编程语言最理想的状态是具有像文件目录一样的树状结构。模块英文原名是 Module，它是 Rust 语言中容纳语言元素的容器。一个“.rs”源文件就是一个模块。

模块可以层层包含，如下所示：

```
mod nation {
    mod government {
        fn govern() {}
    }

    mod congress {
        fn legislate() {}
    }

    mod court {
        fn judicial() {}
    }
}
```

这是一段描述法治国家的程序：国家（nation）包括政府（government）、议会（congress）和法院（court），分别掌管行政（govern）、立法（legislate）和司法（judicial）。

结构关系如图 15-1 所示。

Rust 的域分隔符是“::”，如果要调用行政函数 govern 可以这样表示：

```
nation::government::govern()
```

也可以用完整路径表示：

```
crate::nation::government::govern()
```

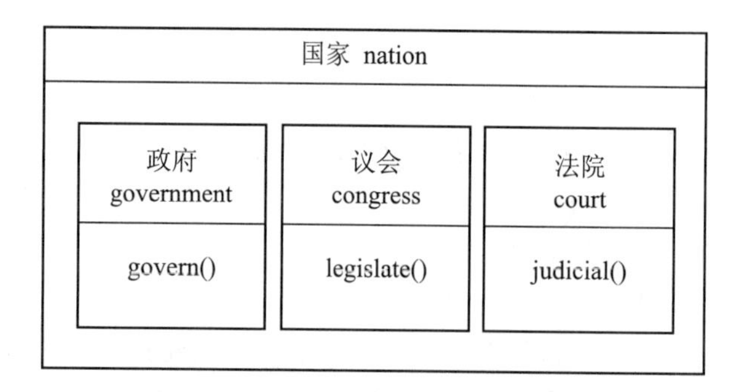

图 15-1 nation 模块图

完整路径是从 crate 关键字出发描述路径。

注意：这两个语句仅用于理解 Rust 中模块的寻路方式，如果在主函数中这样调用会出错，原因是 Rust 中默认情况下模块中的元素是私有的（Private），不能从外部访问。

15.2 访问权

访问权是指语言中不同层次元素之间的可用性描述。简单地说就是规定某个元素是否能被其所处域以外的函数使用的控制机制。

15.2.1 模块访问权

Rust 中只有两个访问权：公共访问权（Public）和私有访问权（Private）。公共访问权允许外部元素访问和使用，私有访问权仅允许域内元素访问和使用。默认情况下，如果不作访问权声明，模块中的元素访问权都是私有的。Rust 语言使用 pub 关键字来声明公共访问权。

```
mod nation {
    pub mod government {
        pub fn govern() {}
    }

    mod congress {
        pub fn legislate() {}
    }

    mod court {
        fn judicial() {
            super::congress::legislate();
        }
    }
}
```

```
fn main() {
    nation::government::govern();
}
```

这段程序是能通过编译的。请注意观察 court 模块中 super 的访问方法。super 关键字用于指代当前所在模块的上级模块。

15.2.2 结构体访问权

```
mod house {
    pub struct Breakfast {
        pub toast: String,    // 吐司
        fruit: String,        // 水果
    }

    impl Breakfast {
        pub fn summer(toast: &str) -> Breakfast {
            Breakfast {
                toast: String::from(toast),
                fruit: String::from("苹果"),
            }
        }
    }
}

fn main() {
    let mut meal = house::Breakfast::summer("黑麦");
    meal.toast = String::from("小麦");    // 对 toast 属性的访问
    println!("我要点{}吐司", meal.toast);
}
```

程序输出为:

```
我要点小麦吐司
```

这段程序中将结构体写在了一个模块里，所以如果想从主函数使用它就必须在自定义的时候用 pub 关键字声明公共访问权。

结构体默认状态下的访问权也是私有的，仅能被与其声明处同层次的元素访问。结构体中的字段的默认访问权和其所处的结构体整体的默认访问权完全一致。如果想被模块外元素访问，必须声明公共访问权。这就是为什么这段程序中不能打印早餐水果的原因。

15.2.3 枚举类访问权

枚举类的访问权问题主要在于枚举项的属性。但是，枚举类的枚举项属性并不像结构体的字段需要单独声明公共所有权，只要能访问到枚举类，就能访问到其枚举项的属性。

```
mod a_module {
    pub enum Person {
        King {
            name: String
        },
        Queen
    }
}

fn main() {
    let person = a_module::Person::King{
        name: String::from("Blue")
    };

    if let a_module::Person::King { name } = person {
        println!("Name is {}", name);
    }
}
```

程序输出为：

```
Name is Blue
```

15.3 use 关键字

use 关键字能够将任何可用的标识符引入当前作用域：

```
mod nation {
    pub mod government {
        pub fn govern() {}
    }
}

use crate::nation::government::govern;

fn main() {
    govern(); // 可以直接使用 govern 函数了
```

```
}
```

因为 use 关键字把 govern 标识符导入到了当前的模块下，所以主函数中可以直接使用 govern 函数。

use 可以有效解决模块路径过长的问题。

当然，有些情况下存在两个相同的名称，且同样需要导入，这时可以使用 as 关键字为标识符添加别名：

```
mod nation {
    pub mod government {
        pub fn govern() {}    // 相同的名称
    }
    pub fn govern() {}        // 相同的名称
}

use crate::nation::government::govern;
use crate::nation::govern as nation_govern; // 取别名

fn main() {
    nation_govern();
    govern();
}
```

use 关键字还可以与 pub 关键字配合使用：

```
mod nation {
    pub mod government {
        pub fn govern() {}
    }
    pub use government::govern;
}

fn main() {
    nation::govern();
}
```

15.4　引用标准库

Rust 官方标准库字典网址：https://t.cn/A6fQID8g。

在学习了本章的概念之后，就可以轻松地导入系统库来开发程序了。

```
use std::f64::consts::PI;
```

```
fn main() {
    println!("{}", PI);
}
```

程序输出为：

```
3.141592653589793
```

所有的系统库模块都是被默认导入的，所以只需要使用 use 关键字简化路径就可以方便地使用了。

15.5 多源文件工程

Rust 中的每一个“.rs”文件都是一个模块，多个源文件之间的协作是建立在模块基础之上的。

15.5.1 新建源文件

如果使用的是 CLion，新建源文件的方法是右击 main.rs 文件，选择 New → File → 输入“文件名.rs”。

其他集成开发环境的创建方法大同小异，请酌情处理。

15.5.2 运行多源文件程序

现在新建一个“second_module.rs”文件，输入以下两个源程序。

main.rs：

```
// main.rs
mod second_module;

fn main() {
    println!("这是 main.rs 文件");
    second_module::output();
}
```

second_module.rs：

```
// second_module.rs

pub fn output() {
    println!("这是 second_module.rs 文件");
}
```

现在运行程序，程序输出为：

```
这是 main.rs 文件
这是 second_module.rs 文件
```

15.6　Cargo

15.6.1　Cargo 是什么

Cargo 是 Rust 的构建系统和包管理器。Rust 开发者常用 Cargo 来管理 Rust 工程和获取工程所依赖的库。

到目前为止，本书中的工程管理操作都是在集成开发环境中进行的，并没有脱离可视化环境，也没有使用到 Rust 标准库以外的库。而这些工程管理操作正是由 Cargo 实现的。

当用 rustup 安装 Rust 的编译工具时，Cargo 就被安装了。但因为 Cargo 是一个命令行程序，所以到目前为止还没有用到它。如果仅想学习 Rust 的语法，了解 Rust 的优点，并不使用命令行程序进行开发工作的话，请先跳过本节，这不会影响后续的阅读。如果您是一个计算机专业工作者并已经具备丰富的命令行操作经验，请继续阅读，我将假定您已经具备了相关的知识和技能。

15.6.2　Cargo 功能

Cargo 的主要作用在于构建 Rust 程序和管理 Rust 包。

之前的所有操作都是在集成开发环境中进行的，实际上集成开发环境只不过是调用 Cargo 的一个可视化工具，所有的功能本身都是 Cargo 实现的。

首先是新建工程。Cargo 是新建 Rust 工程的工具，当在命令行中进入一个目录并执行以下命令时：

```
$ cargo new greeting
```

Cargo 程序会在当前目录下新建一个子目录 greeting，并具备以下目录结构：

```
greeting/
    ├── Cargo.toml
    └── src/
        └── main.rs
```

greeting 目录下包含一个 src 子目录和 Cargo.toml 文件。src 子目录中是源文件目录，其中包含一个主源文件 main.rs。Cargo.toml 是 Cargo 在当前工程中的配置文件，里面包含了当前工程的名称、作者、版本和依赖项等信息。greeting 工程就是本章中所介绍的“包”。

以下命令可以用于新建一个 Rust 工程：

```
$ cargo init <包名>        # 在当前目录直接新建工程，不建立子目录
$ cargo new <包名> --lib  # 新建一个库工程，不生成 main.rs，而是以 lib.rs 作为主文件
```

如果要构建一个工程，可先进入工程目录并执行以下操作：

```
$ cargo build
```

如果要构建并直接运行一个二进制可执行程序工程，可先进入工程目录并执行以下操作：

```
$ cargo run
```

Cargo 可以根据代码中的说明文档注释生成专业的电子文档，只需执行以下操作：

```
$ cargo doc
```

除此之外，Cargo 的功能非常丰富，例如使用 Git 进行版本分支管理等。详细的使用方法请参见官方 Cargo 文档：https://t.cn/A6fQIf6Z。

15.6.3 Cargo 导入外部包

Cargo 工程中有一个 Cargo.toml 文件，其中包含一个“依赖项”字段，可以从 Rust 的官方库中导入不属于 Rust 标准库的外部包。例如，现在需要使用一个生成随机数的库，可以从 https://docs.rs/ 上搜索这个库，如图 15-2 所示。

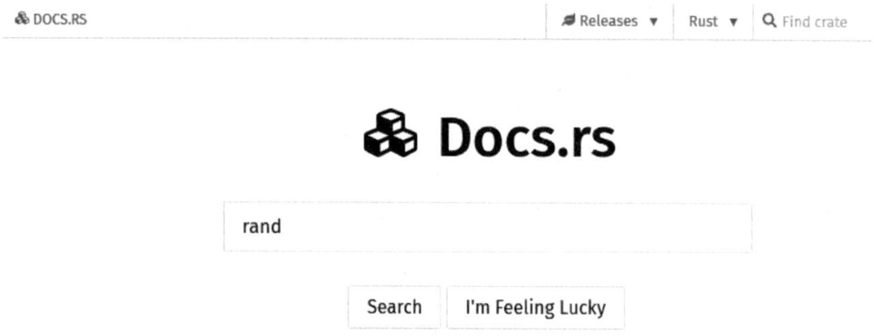

图 15-2 Rust 库查询

接着在查找到的结果中找到所需的库的名称，如图 15-3 所示。

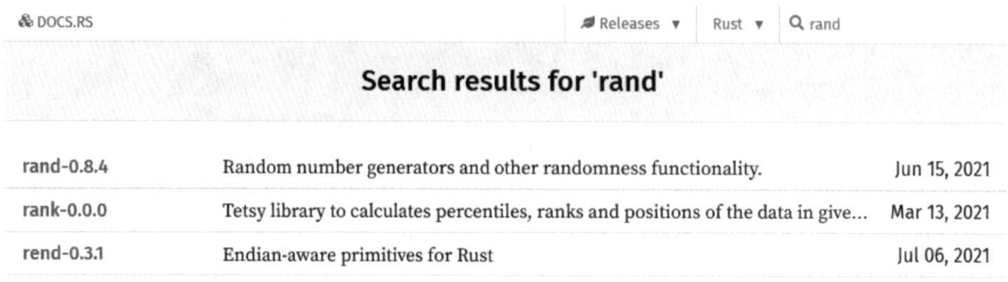

图 15-3 查询结果

如果需要使用查询结果的第一条 rand-0.8.4 条目，请记录它的名字和版本号。如果想了解该库的详细使用方法，可以单击对应的条目查看库说明文档。

现在编辑 Cargo.toml 以添加 rand 库：

```
[package]
name = "hello"
version = "0.1.0"
authors = ["Ulyan Sobin <ulyansobin@yeah.net>"]
edition = "2018"

[dependencies]
rand = "0.8.4"    # 在这里写上所需要的库的名称和版本号
```

在“[dependencies]”之后可以添加外部库，格式是：

```
<库名称> = "版本号"
```

一行一条。

之后就可以在源程序中使用导入的外部库了：

```
extern crate rand;

fn main() {
    for _ in 0..8 {
        let i: i32 = rand::random();
        println!("{}", i);
    }
}
```

这段程序使用 extern crate 语句导入外部库，程序会输出 8 个随机生成的整数，每次运行的结果都会不同。

第 16 章

特　　性

特性（Trait）是对方法集合的抽象，类似于 Java 中的接口（Interface）概念。特性是类型的行为规范，它宏观地对类型的功能做出要求，以此实现多类别在特定情况下的使用统一化。

16.1　定义特性

```
trait Comparable {
    fn greater(&self, b: &Self) -> bool;
    fn less(&self, b: &Self) -> bool;
    fn equals(&self, b: &Self) -> bool;
}
```

这是一个特性的定义。Comparable 是一个表示“可比较”含义的特性，该特性包含一个 compare 方法，用于比较一个与自己一样类型的对象谁更大。

定义特性的格式如下：

```
trait <特性名称> {
    <方法...>
}
```

16.2　实现特性

现在编写一个用于表示圆的结构体 Circle：

```
struct Circle {
    radius: f64,
    center: (f64, f64)
}
```

并为 Circle 实现 Comparable 特性：

```
impl Comparable for Circle {
    fn greater(&self, b: &Circle) -> bool {
        self.radius > b.radius
    }

    fn less(&self, b: &Circle) -> bool {
        self.radius < b.radius
    }

    fn equals(&self, b: &Circle) -> bool {
        self.radius == b.radius
    }
}
```

这样就可以在主函数中比较 Circle 对象的大小了：

```
fn main() {
    let c1 = Circle {
        radius: 10.0,
        center: (0.0, 0.0)
    };

    let c2 = Circle {
        radius: 5.0,
        center: (3.0, 4.0)
    };

    println!("(c1 > c2) = {}", c1.greater(&c2));
    println!("(c1 < c2) = {}", c1.less(&c2));
    println!("(c1 == c2) = {}", c1.equals(&c2));
}
```

程序输出为：

```
(c1 > c2) = true
(c1 < c2) = false
(c1 == c2) = false
```

实现特性的语法是：

```
impl <特性名称> for <实现特性的类> {
    <实现的函数...>
}
```

使用 impl 块实现特性的时候要注意以下三点。

（1）同一个类可以实现多个特性。

（2）每个 impl 块只能实现一个特性。

（3）如果一个 impl 块用于实现某个特性，这个 impl 块中不能出现不属于所实现特性的方法定义。

16.3 默认特性

特性在定义的时候允许直接定义方法作为实现中没有被实现的方法的默认替代品。

```
trait Printable {
    fn print(&self);

    // 默认特性方法
    fn println(&self) {
        self.print();
        println!(" [END]");
    }
}

struct Text {
    content: String
}

impl Printable for Text {
    // 这里只实现了 print 方法，println 使用默认特性方法
    fn print(&self) {
        print!("{}", self.content)
    }

fn main() {
    let text = Text {
        content: String::from("This is a piece of text.")
    };

    text.println();
}
```

程序输出为：

```
This is a piece of text. [END]
```

这段程序中，特性 Printable 有两个方法 print 和 println。其中，println 方法被定义。结构体 Text 实现了这个特性，但只定义了 print 方法，println 方法直接使用了特性的默认方法来代替。

16.4　特性作参数

有时，需要把特性作为一种参数类型出现在函数的参数列表中。在函数调用参数对象时不必得知参数的具体类型，而能调用各种实现了该特性的类型的具体方法。

16.4.1　常规特性参数

```
trait Comparable {
    fn greater(&self, b: &Self) -> bool;
    fn less(&self, b: &Self) -> bool;
    fn equals(&self, b: &Self) -> bool;
}
```

这里依然以 Comparable 特性为例，编写下面这个使用选择排序法对任何实现 Comparable 特性的类型进行排序的函数：

```
fn select_sort(array: &mut [&impl Comparable]) {
    for i in 0..array.len() {
        let mut k = i;
        for j in (i + 1)..array.len() {
            if array[j].less(&array[k]) { k = j; }
        }
        if k != i {
            let t = array[k];
            array[k] = array[i];
            array[i] = t;
        }
    }
}
```

这个函数的参数 array 的类型是“&mut [&impl Comparable]”，其中最核心的、表示特性类型的部分是 impl Comparable，这个整体表示任何实现了 Comparable 特性的方法。

现在尝试用这个函数对一个 f64 浮点数数组排序。首先对 f64 类型实现 Comparable 特性：

```
impl Comparable for f64 {
    fn greater(&self, b: &Self) -> bool {
        *self > *b
    }
```

```
    fn less(&self, b: &Self) -> bool {
        *self < *b
    }

    fn equals(&self, b: &Self) -> bool {
        *self == *b
    }
}
```

然后在主函数中尝试排序：

```
fn main() {
    // 原始 f64 数组
    let fa = [1.0, 4.0, 5.0, 2.0, 3.0];

    // f64 引用类型数组
    let mut ra = [&fa[0], &fa[1], &fa[2], &fa[3], &fa[4]];

    // 调用排序算法
    select_sort(&mut ra);

    // 输出排序结果
    for f in ra {
        println!("{}", f);
    }
}
```

程序输出为：

```
1
2
3
4
5
```

很显然，数组的引用数组被排好序了。

16.4.2 泛型特性参数

特性类型也可以用于约束泛型参数，例如：

```
fn select_sort<T: Comparable>(array: &mut [&T]) {
    函数体...
}
```

这种语法表示泛型 T 必须是实现了 Comparable 特性的类型。

如果遇到以下情况之一，泛型特性参数将会非常实用。

（1）特性类型被多次使用，例如：

```
fn function(a: impl SomeTrait, b: impl SomeTrait, c: impl SomeTrait) {
    ...
}
```

可以写成：

```
fn function<T: SomeTrait>(a: T, b: T, c: T) {
    ...
}
```

（2）泛型参数类型不仅用于约束方法，还要求参数类型的具体类型一样，如：

```
fn function<T: SomeTrait>(a: T, b: T, c: T) {
    ...
}
```

这里的 a、b、c 三个参数不仅特性相同，而且具体类型也相同，当然这也就意味着如果希望这三个参数的具体类型不同时不能使用这个语法。

16.4.3 特性叠加

如果在参数类型表示中希望某个参数同时具备多个特性，可以使用特性叠加语法：

```
fn notify(item: impl Summary + Display)
```

特性叠加语法就是这么简单，使用“+”符号连接两个特性即可。

特性叠加可以在函数中对函数使用多个特性的方法，但同时也规定传入的参数必须实现了所有的这些特性而不是其中的一部分。

```
trait Stringable {
    fn stringify(&self) -> String;
}

trait Printable {
    fn print(&self);
}

impl Stringable for i32 {
    fn stringify(&self) -> String {
        self.to_string()
```

```
    }
}

impl Printable for i32 {
    fn print(&self) {
        println!("{}", self);
    }
}

fn print_by_two_ways(a: impl Stringable + Printable) {
    println!("a.stringify() = {}", a.stringify());
    a.print();
}

fn main() {
    let a: i32 = -123;
    print_by_two_ways(a);
}
```

程序输出为：

```
a.stringify() = -123
-123
```

这里令 i32 类型实现了两个特性：Stringable 和 Printable，否则会在编译的时候出错。

注意：层次叠加语法仅用于表示类型的时候，并不意味着可以在 impl 块中使用。

复杂的实现关系可以使用 where 关键字优化，例如：

```
fn some_function<T: Display + Clone, U: Clone + Debug>(t: T, u: U)
```

可以转化成：

```
fn some_function<T, U>(t: T, u: U) -> i32
    where T: Display + Clone,
          U: Clone + Debug
```

16.5 特性作返回值

特性作返回值的语法不复杂，类型表示格式不变：

```
fn get_text() -> impl Printable {
    Text {
```

```
        content: String::from("Hello, Rust!")
    }
}
```

注意：这是一个常出现的思维误区，即返回值类型为特性的函数可以返回任意实现了该特性的类型的对象。但实际上，在一个函数里，即使返回值类型声明为特性，依然只能返回同一种具体类型的对象而不是“任何实现了这个特性的类型的对象”。例如：

```
trait Printable {
    fn print(&self);
}

impl Printable for f64 {
    fn print(&self) {
        println!("{}", self);
    }
}

impl Printable for i32 {
    fn print(&self) {
        println!("{}", self);
    }
}

fn get_number(condition: bool) -> impl Printable {
    if condition {
        return 3.1415926_f64;
    }
    else {
        return 10000_i32;
    }
}
```

错误

这里的“get_number”函数尝试返回不同类型但都实现了 Printable 特性的数字，编译时会出错，原因是“mismatched types”，即“不匹配的类型”。

但 Rust 中并非无法满足这种要求，比如“get_number”函数可以这样改写：

```
fn get_number(condition: bool) -> Box<dyn Printable> {
    if condition {
        return Box::new(3.1415926_f64);
    }
    else {
        return Box::new(10000_i32);
```

```
    }
}
```

这样就可以满足要求，但到目前为止关于 Box 类的详细使用还没有讲述，所以暂时无法解释为什么要这么写。这个案例可以作为及时性参考以满足到目前为止的临时需求。

16.6 有条件的实现方法

如果有一个泛型结构体“A<T>”和一个特性 B，现在要求对 A 实现方法 d，前提是 A 的泛型 T 已经实现了特性 B。请问如何编写？

答案是：

```
struct A<T>;

trait B {}

impl<T: B> A<T> {
    // 只有在 T 实现了 B 的方法时才能调用
}
```

这段代码声明了“A<T>”类型必须在 T 已经实现特性 B 的前提下才能调用该 impl 块中的函数。

第 17 章

文件与 I/O

UNIX 系统所设计的概念中，计算机上除了 CPU 和内存以外的一切资源都以文件的形式存在。除了存在于硬盘存储器中的那些真正的文件以外，几乎所有的硬件也被挂载到文件系统上供应用程序使用。文件成为了现代计算机编程中必不可少的部分。

17.1 关于文件的概念

17.1.1 文件

文件（File）可以看作一个线性的、大小可扩展的数据结构。它的使用方法不同于数组，一般情况下文件只能按顺序地读取和写入。如果要对文件进行更复杂的操作，一般会先将文件读入内存中进行。

与程序中的其他数据不同的是，写入文件的数据将被存储在具备长期存储能力的物理设备上，例如硬盘，这意味着文件中的数据不会像程序中其他存放在内存中的数据一样在程序停止运行时全部丢失。

文件最基础的操作包括打开文件、读取文件、写入文件。对文件的操作需要操作系统提供权限支持，如果没有对应的权限或者在操作文件的过程中权限发生变更都有可能导致文件操作失败。也是因为这一点，文件操作经常发生“可恢复错误”。

17.1.2 流

流（Stream）是一种数据传输的概念。

流虽然是个名词，但它描述的是数据的最基础的动作之一，那就是流动。数据从其产生时起，不是被存储，就是在流动。数据流动总是从一个产生数据或存储数据的地方出发流向一个存储它的地方。作为发送数据和接收数据的端点来说，流就是一个可以发送或接收数据的东西。

流常常具备两个基本方法：读（发送）和写（接收）。流操作数据的单位根据流的不同而不同，不同种类的流可以对数据进行不同层次的包装，从而使流的用户能够读写的数据格式更加灵活。

从宏观上来看文件的读写，文件的数据总是从硬盘流向应用程序或者从应用程序流向硬盘，这两个操作完全符合流的操作原理。所以，文件的读写大多是通过流的机制来实现的。

17.2 打开文件

对文件操作的第一步是打开文件。

17.2.1 打开文件的种类

文件的打开需要向操作系统申请文件的使用权限。对于应用程序来说，文件的权限只有读和写。表 17-1 列出了文件主要的打开方式以及所需权限。

表 17-1 打开文件的种类及所需权限

打开方式	描　　述	所需权限
只读模式	（1）以只读方式打开文件。 （2）如果文件不存在将发生可恢复错误。 （3）打开文件后从文件开始位置读取文件	读取
创建新文件	（1）尝试创建新文件。 （2）如果文件不存在，文件将被创建。 （3）如果文件已经存在，旧文件将消失并被新文件代替。 （4）打开文件后从文件起始位置写入文件	写入
追加模式	（1）以写入方式打开文件。 （2）如果文件不存在将创建新文件。 （3）如果文件已存在将打开文件并从文件末尾处写入文件	写入
自定义模式	可以根据需要自行搭配打开文件的方式和权限，打开文件的操作更加灵活	可选读取和写入

17.2.2 只读模式

以只读模式打开文件是最安全的方式，它不会破坏文件的内容。

首先，在计算机上新建一个文本文件用于令程序读取。这里新建了一个名为 hello.txt 的文件，内容如下：

```
Hello, this is the text file.
```

现在使用程序读取这段文字并打印出来。

1. 直接读取整个文件

这是最简单的一种读取方式，仅适用于较小的文件。

```
use std::fs;
```

```
fn main() {
    let text = fs::read_to_string("hello.txt").unwrap();
    println!("{}", text);
}
```

程序输出为：

```
Hello, this is the text file.
```

“std::fs::read_to_string”方法可以读取文件的完整内容并返回字符串。

除此之外，还可以用“std::fs::read”函数直接读取整个文件为二进制数据：

```
use std::fs;

fn main() {
    // 从文件中读取二进制数据
    let binary = fs::read("hello.txt").unwrap();

    // 按 UTF-8 编码将数据转换成字符串
    let text = String::from_utf8(binary).unwrap();

    println!("{}", text);
}
```

程序输出为：

```
Hello, this is the text file.
```

2. 打开文件并读取

```
use std::fs::File;
use std::io::Read;

fn main() {
    let mut file = File::open("hello.txt").unwrap();
    let mut text = String::new();
    file.read_to_string(&mut text);
    println!("{}", text);
}
```

程序输出为：

```
Hello, this is the text file.
```

“std::fs::File::open”函数用于只读地打开文件。在成功打开文件后会返回一个 File 对象，代表已经打开的文件，可以通过它对文件进行操作。

一次性读取为二进制数据：

```
use std::fs::File;
use std::io::Read;

fn main() {
    let mut file = File::open("hello.txt").unwrap();
    let mut binary = Vec::<u8>::new();
    file.read_to_end(&mut binary).unwrap();
    let text = String::from_utf8(binary).unwrap();
    println!("{}", text);
}
```

程序输出为：

```
Hello, this is the text file.
```

这种方式的好处是不仅可以一次性地读取文件为数据，而且可以根据需求一步一步地读取文件：

```
use std::fs::File;
use std::io::Read;

fn main() {
    let mut file = File::open("hello.txt").unwrap();
    let mut binary: [u8; 5] = [0_u8; 5];
    file.read(&mut binary).unwrap();
    let text = String::from_utf8(Vec::from(binary)).unwrap();
    println!("{}", text);
}
```

程序输出为：

```
Hello
```

这个案例中使用了“File::read”方法，这个方法用于读取数据到一个 u8（字节）类型的数组中去，读取长度受数组长度约束。这里只有 5 字节，所以只能容纳 5 个英文字符，所以就读取了文件的前 5 个英文字母“Hello”。

流的好处在于依次地读取或写入，如果两次调用一个文件的读取方法，第一次获取的是第一部分的数据，第二次获取的就是紧接第一次读取时的第二部分数据了。根据这个原理，可以将一个文件逐字节读出：

```
use std::fs::File;
```

```
use std::io::Read;

fn main() {
    let mut file = File::open("hello.txt").unwrap();
    let mut buffer = [0_u8]; // 1 字节的缓冲区
    let mut binary = Vec::<u8>::new();

    loop { // 逐字节地读取文件
        let count = file.read(&mut buffer).unwrap();
        // count 表示实际上读取到的字节数，0 表示文件已到达末尾
        if count == 0 { break; }
        binary.push(buffer[0]);
    }

    let text = String::from_utf8(binary).unwrap();
    println!("{}", text);
}
```

程序输出为：

```
Hello, this is the text file.
```

17.3 创建新文件模式

创建新文件模式会创建一个新文件并获取它的写入权限。如果文件已经存在，则会清除当前文件的所有内容并当作一个新文件从头写入。

17.3.1 创建新文件

```
use std::fs::File;
use std::io::Write;

fn main() {
    let mut file = File::create("output.txt").unwrap();
    file.write(b"This is a new file.").unwrap();
}
```

程序会新建一个新的文件“output.txt”，内容如下：

```
This is a new file.
```

“std::fs::File::create”方法用于创建一个新文件，并返回一个 File 对象用于向文件中写入信息。

17.3.2 覆盖文件

如果用“std::fs::File::create”方法尝试创建一个已存在的文件，则会清除已存在文件的内容并将文件当作新的文件使用：

```
use std::fs::File;
use std::io::Write;

fn main() {
    let mut file = File::create("hello.txt").unwrap();
    file.write(b"Content has been overwritten.").unwrap();
}
```

之前的hello.txt文件的内容将变成：

```
Content has been overwritten.
```

17.4 追加模式

追加模式会获取文件的写入权限并从文件现有内容的末尾开始写入文件：

```
use std::fs::OpenOptions;
use std::io::Write;

fn main() {
    let mut file = OpenOptions::new()
        .append(true)
        .open("hello.txt").unwrap();
    file.write(b"\n[Suffix]").unwrap();
}
```

程序会以追加模式打开文件“hello.txt”，并在其后添加一段文字。执行之后“hello.txt”的内容将变成：

```
Content has been overwritten.
[Suffix]
```

注意：如果使用的是 Windows 10 version 1809 以下版本的 Windows 操作系统上自带的记事本程序打开这个文本文件，因为不支持LF换行符的缘故，有可能看不见换行。

追加模式用“std::fs::OpenOptions”对象来实现。此对象不仅能够实现以追加模式打开文件，还能以更灵活的方式操作文件，详细用法参见17.5节（自定义模式打开文件）。

17.5　自定义模式打开文件

自定义模式允许开发者在打开文件的时候配置打开文件的权限和打开方式，此过程通过“std::fs::OpenOptions”对象来实现。

17.5.1　OpenOptions 对象

OpenOptions 对象专门用于更灵活地打开一个文件，它可以配置打开文件所需要的方式并用配置好的方式打开一个文件。

获取一个新的 OpenOptions 对象使用以下语句：

```
std::fs::OpenOptions::new()
```

或者在用 using 语句引入“std::fs::OpenOptions”之后直接使用：

```
OpenOptions::new()
```

OpenOptions 包含三个权限配置方法，如表 17-2 所示。

表 17-2　打开文件

方　法	权　限
`read(&mut self, read: bool) -> &mut Self`	读取权限
`write(&mut self, write: bool) -> &mut Self`	写入权限
`append(&mut self, append: bool) -> &mut Self`	写入权限

这三个配置方法的调用参数都是一个布尔型变量，用于声明是否允许对应权限的操作。其返回值是 OpenOptions 对象本身，这样能够以“函数链”的语法风格完成权限配置。例如：

```
let mut options = OpenOptions::new();
options.read(true);
options.write(true);
let file = options.open("hello.txt").unwrap();
```

也可以写成：

```
let file = OpenOptions::new()
    .read(true)
    .write(true)
    .open("hello.txt").unwrap();
```

完成配置的 OpenOptions 对象通过 open 方法打开文件。 open 方法调用时只有一个参数，用于传递文件的路径，通常以字符串或字符串切片类型的对象传递。open 方法返回一个“Result<File>”类型的对象，因为有可能发生可恢复错误。如果不想处理该错误，可以使用 unwarp 方法直接获取 File 对象。

除此之外，OpenOptions 对象还具备以下一些操作配置函数。

```
fn create(&mut self, create: bool) -> &mut Self
```

设置创建新文件的选项，或者如果它已经存在则打开它。必须配置“OpenOptions::write”或“OpenOptions::append”访问权限。

```
fn create_new(&mut self, create_new: bool) -> &mut Self
```

设置创建新文件的选项，如果它已经存在会发生可恢复错误。必须配置“OpenOptions::write”或“OpenOptions::append”访问权限。如果配置此选项将会忽略 create 和 truncate 操作。

```
fn truncate(&mut self, truncate: bool) -> &mut Self
```

如果文件存在，清除其内容并打开；如果文件不存在会发生可恢复错误。必须配置“OpenOptions::write”或“OpenOptions::append”访问权限。

OpenOptions 对象的操作虽然灵活，但是也存在潜在的风险：并不是任意两个配置项都可以并存于同一次打开文件的配置中，否则会发生可恢复错误。

17.5.2 以读写模式打开文件

如果打开了一个文件，不仅想读，而且想写入数据，可以用“std::fs::OpenOptions”对象配置一个读写权限并打开文件。

```
use std::fs::OpenOptions;
use std::io::{Seek, Write, SeekFrom, Read};

fn main() {
    let mut file = OpenOptions::new()
        .read(true)
        .write(true)
        .create(true)
        .open("output.txt").unwrap();

    // 写入文件
    file.write(b"ABCDEFG").unwrap();

    // 将文件流调整到文件起始位置
    file.seek(SeekFrom::Start(0)).unwrap();
```

```
    // 读取文件
    let mut buffer = String::new();
    file.read_to_string(&mut buffer).unwrap();
    println!("{}", buffer);
}
```

程序输出为：

```
ABCDEFG
```

如果把 read 权限和 append 权限相结合会怎样呢？

```
use std::fs::OpenOptions;
use std::io::{Seek, Write, SeekFrom, Read};

fn main() {
    let mut file = OpenOptions::new()
        .read(true)
        .append(true)
        .open("output.txt").unwrap();

    // 读取文件
    let mut buffer = String::new();
    file.read_to_string(&mut buffer).unwrap();
    println!("原来文件的内容是\"{}\"", buffer);

    // 重新打开并写入文件
    let mut file = OpenOptions::new()
        .read(true)
        .append(true)
        .open("output.txt").unwrap();
    file.write(b" [END]").unwrap();

    // 再次读取整个文件
    file.seek(SeekFrom::Start(0)).unwrap();
    let mut buffer = String::new();
    file.read_to_string(&mut buffer).unwrap();
    println!("写入后文件的内容是\"{}\"", buffer);
}
```

程序输出为：

```
原来文件的内容是"ABCDEFG"
写入后文件的内容是"ABCDEFG [END]"
```

很明显，read 权限和 append 权限同时使用时，文件的起始位置不是文件结尾而是文件开头，append 只是提供了写入权限而没有决定起始位置。这种情况并不能确定是语言的特性还是操作系统的特性，所以为了安全起见，尽量避免使用这种存在理论冲突的权限组合。

17.6 写入和读取二进制信息

二进制信息不能被人们直接阅读，这一点它不如文本信息。但是二进制信息对计算机来说更直接，所以很多的文件存储格式都是二进制信息（例如音乐、视频和计算机程序）。

```
use std::fs::File;
use std::io::Write;

fn main() {
    const PI: f64 = 3.141592653589793;

    let mut file = File::create("PI.bin").unwrap();
    file.write(&PI.to_ne_bytes()).unwrap();
}
```

这段程序会将一个 64 位浮点数 PI 存进文件“PI.bin”，这个文件的大小应该等于 64 位浮点数的字节大小—— 8 字节。

这段程序中用“f64::to_ne_bytes”方法将 f64 类型的数值转换成二进制数据，中间的 ne 单词表示“native endian”，即计算机本身 CPU 所使用的字节序。目前大多数设备使用的是小端字节序，这种字节序对计算机来说更科学，但也有一些设备使用的是大端字节序。如果想故意获取浮点数的其他字节序二进制信息，可以使用“to_le_bytes”（小端字节序）方法或“to_be_bytes”（大端字节序）方法生成指定字节序的二进制信息。

```
use std::fs::File;
use std::io::Read;

fn main() {
    let mut file = File::open("PI.bin").unwrap();
    let mut buffer = [0_u8; 8];
    file.read(&mut buffer).unwrap();

    let data = f64::from_ne_bytes(buffer);
    println!("{}", data);
}
```

程序输出为：

```
3.141592653589793
```

这段程序中使用了“from_ne_bytes”方法将从文件中读取的字节解析成了浮点数。如果想解析其他字节序的二进制信息，还可以选用“from_le_bytes”或“from_be_bytes”方法。

17.7　文件系统

Rust 标准库的“std::fs”模块中包含许多与文件系统相关的类和函数。关于文件系统的使用对大多数使用过计算机的人来说都不陌生，其基本操作包括列出目录结构、创建目录、创建文件、打开文件、删除文件等。

17.7.1　列出目录

```
use std::fs;

fn main() {
    let dir = fs::read_dir("./").unwrap();
    for item in dir {
        let entry = item.unwrap();
        println!("{}", entry.file_name().to_str().unwrap());
    }
}
```

程序输出为：

```
.git
Cargo.toml
hello.txt
output.txt
PI.bin
src
target
```

这个程序用于获取程序运行目录下的所有文件夹和文件的名称并输出到命令行。因为运行环境可能不同，所以结果可能也不一样。

“std::fs::read_dir”函数用于读取目录信息并将结果以 ReadDir 对象的形式返回。ReadDir 对象支持 for 循环遍历，其中每一个遍历项都是 DirEntry 类型的对象，它可能代表任何文件系统的存在，主要包括文件和目录。

17.7.2 创建目录

```
use std::fs;

fn main() {
    fs::create_dir("./data").unwrap();
}
```

创建目录是很简单的操作，只需要在参数中传入目录的路径即可。

使用“std::fs::create_dir”函数创建目录并不是一个递归的过程，此函数只能在现有的目录下创建子目录，不能隔空创建。例如：

错误

```
use std::fs;

fn main() {
    fs::create_dir("./data/1/2").unwrap();
}
```

这段程序会发生可恢复错误，原因是“./data/1”目录不存在，不能直接创建两层目录“./data/1/2”。

如果要实现递归地创建目录，可以使用“std::fs::create_dir_all”函数：

```
use std::fs;

fn main() {
    fs::create_dir_all("./data/1/2").unwrap();
}
```

“std::fs::create_dir_all”函数可以递归地创建目录，不存在的中间目录也将被直接创建。

17.7.3 删除文件或目录

```
use std::fs;

fn main() {
    // 先创建一个文件
    fs::File::create("./data/1/2/test").unwrap();
    // 删除刚才创建的文件
    fs::remove_file("./data/1/2/test").unwrap();
    // 删除 data 目录
    fs::remove_dir("./data/1/2").unwrap();
}
```

这段程序先创建了一个文件，然后将创建的文件删除，最后将包含那个文件的目录一块删除了。到最后只剩目录“./data”和目录“./data/1”。删除目录是个很危险的过程，因为目录中可能包含大量的文件和信息，所以几乎不存在一个文件系统允许用户随意删除非空的目录。所以如果一个目录下有其他目录或文件，无法用“remove_dir”函数删除：

错误

```
use std::fs;

fn main() {
    fs::remove_dir("./data").unwrap();
}
```

这样程序会出错。正确的删除非空目录的方法是使用“remove_dir_all”函数：

```
use std::fs;

fn main() {
    fs::remove_dir_all("./data").unwrap();
}
```

注意：权力越大，责任越大。操作权限越高的操作者，在删除文件目录或包含大量信息的文件时越要慎重，避免因误操作而造成的文件丢失。在真正的计算机软件中要进行删除操作时请一定要记录好授权人以及授权凭据。

第 18 章

数据结构与集合

数据结构在每一种编程语言中都有不同形式的实现，它们常以库的形式提供丰富的类型，为现代化的程序提供基础算法的支持。在数据结构相关的类型中最常用的类型就是集合类型（Collection）。

本章将介绍 Rust 标准库中常用的数据结构和使用方式。

18.1 线性数据结构

线性数据结构是一个有序数据元素的集合，是数据的基本逻辑结构之一。

在数据结构的理论中，常用的线性结构包括数组和链表两类，按照用途的不同又可分为栈和队列等。其中链表相比于数组，其灵活性更强，因为它不需要规定长度，可以随机扩展；但同时数组的随机访问速度（通过下标访问）远高于链表结构，如图 18-1 所示。

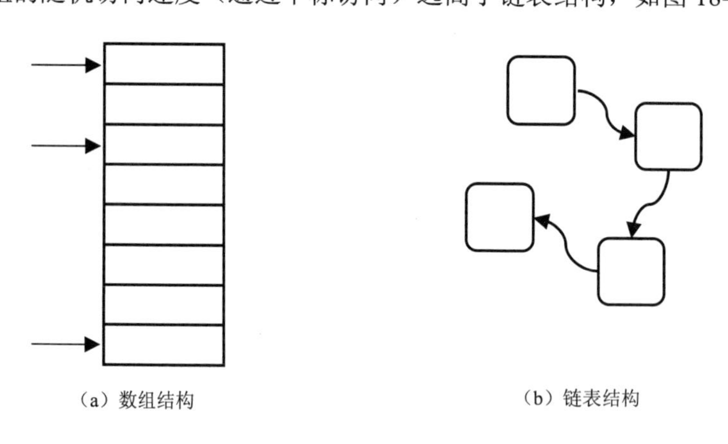

图 18-1 线性数据结构

由于数组和链表优缺点都过于明显，所以并不适合作为一种通用的数据结构。一种通用的数据结构应该是随机访问性能低于数组且高于链表、扩展性高于数组且低于链表的数据结构。为了实现这个想法，许多混合线性数据结构诞生了。

这类混合数据结构大多是通过数组和链表相结合的方式实现的，主要包括“数组链表”

和“链表数组”两种形态。

数组链表用固定大小的数组保存数据元素，再用链表保存这些数组。这种方式可以减少链表随机访问时查找节点的时间并提高数组结构的可扩展性，如图 18-2 所示。

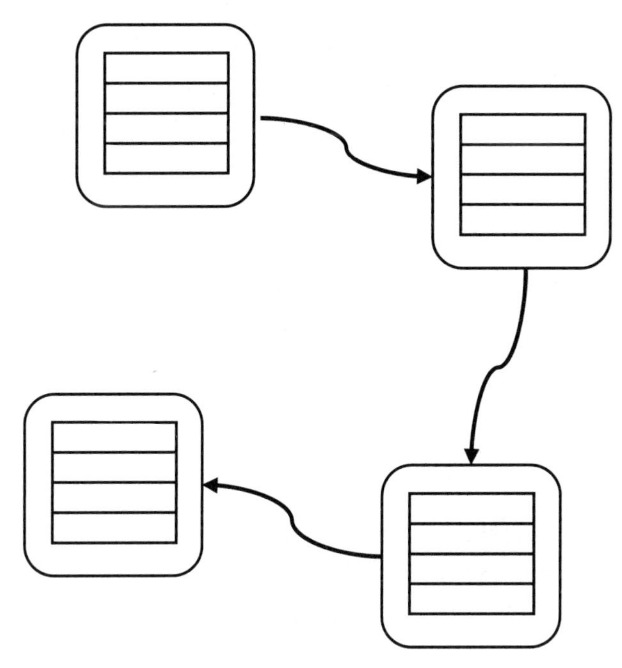

图 18-2　数组链表结构

链表数组结构采用数组存放链表，可以发挥数组随机访问快和链表可扩展的优点，提高了综合效率，如图 18-3 所示。

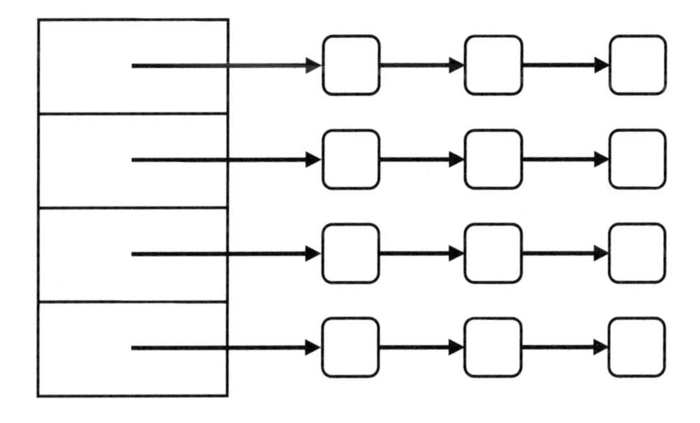

图 18-3　链表数组结构

18.1.1 向量

向量（Vector）是一个存放多值的单数据结构，该结构将相同类型的值线性地存放在内存中。向量有可能是前面讨论的某种混合数据结构，但在使用它的时候无须关心它究竟属于哪一种结构，只需要关心它作为一种通用线性结构的抽象即可。

Rust 中创建向量的方式如下：

```
// 创建类型为 i32 的空向量
let vector: Vec<i32> = Vec::new();
let vector = Vec::<i32>::new();
let vector: Vec<i32> = Vec::<i32>::new();

// 通过数组创建向量
let vector = vec![1, 2, 4, 8];
```

向量类型用 Vec 表示。

1. 向量作栈使用

栈是一种先进后出的数据结构。栈就像一个橡皮糖罐子，如果一直向里面放糖，在取出放进去的糖时，最先取出的是最后放进去的一批糖，最早放进去的一批糖将最后才被取出。

一个栈必须具备的两个操作包括推入（Push）和弹出（Pop）。Rust 中的 Vec 类型本身就具备这两个方法，所以 Vec 类型可以直接当作栈来使用。

```
fn main() {
    let mut stack = Vec::<i32>::new();

    stack.push(1);
    stack.push(2);
    stack.push(3);

    loop {
        let data = stack.pop();
        if let Option::Some(i) = data {
            println!("{}", i);
        } else {
            break;
        }
    }
}
```

程序输出为：

```
3
```

```
2
1
```

“Vec::push”方法用于将一个变量加入向量的尾部，“Vec::pop”方法用于从向量的尾部将变量取出。如果向量中的值已被取空，“Vec::pop”的返回值将为“Option::None”。

2. 向量作队列使用

队列是先进先出的数据结构。队列就像一个输油管道，油从一端进入，从另一端流出。如果油像数据一样黏稠，先进入的油必然会先从出口流出。

队列必须具备的操作包括入队（Enqueue）和出队（Dequene）。Rust 中的 Vec 类型没有专门的入队和出队函数，所以使用 push 函数代替入队函数，用 for 循环遍历代替出队过程：

```
fn main() {
    let mut stack = Vec::<i32>::new();

    stack.push(1);
    stack.push(2);
    stack.push(3);

    for data in stack {
        println!("{}", data);
    }
}
```

程序输出为：

```
1
2
3
```

当然，真正的开发中有可能会遇到可持续队列的情况。可持续队列指的是队列为空时不要停止进程而是等待新的对象加入队列并及时取出和处理的队列结构。

对于这种情况，如果依然要使用向量类型，只能手动地取出队列的第一项并删除：

```
fn main() {
    let mut stack = Vec::<i32>::new();

    stack.push(1);
    stack.push(2);
    stack.push(3);

    loop {
        let data = stack.first();
```

```
        if let Some(i) = data {
            println!("{}", i);
            stack.remove(0);
        }
        else {
            break;
        }
    }
}
```

程序输出为：

```
1
2
3
```

3. 拼接向量

“Vec::append”方法用于将一个向量拼接到另一个向量的尾部：

```
fn main() {
    let mut v1: Vec<i32> = vec![1, 2, 4, 8];
    let mut v2: Vec<i32> = vec![16, 32, 64];
    v1.append(&mut v2);
    println!("{:?}", v1);
}
```

程序输出为：

```
[1, 2, 4, 8, 16, 32, 64]
```

4. 向量取值

向量最基本的取值方式和数组一致：

```
fn main() {
    let vec = vec![1, 2, 4, 8];
    println!("{}", vec[1]);
}
```

程序输出为：

```
2
```

但是这种做法对于向量来说风险更大。因为向量长度可变的缘故，所以对向量进行下标访问时更难以预料是否会成功（所访问元素是否存在）。这种取值方式如果发生错误将会导致进程终止（不可恢复错误）。向量的随机取值有更安全的办法：

```
fn main() {
    let vec = vec![1, 2, 4, 8];
    let value = vec.get(10);
    if let Some(i) = value {
        println!("{}", i);
    }
    else {
        eprintln!("下标越界！")
    }
}
```

程序输出为：

```
下标越界！
```

如果需要获得第一个元素或最后一个元素，可以直接使用专用方法：

```
// 获取第一个元素
let first = vec.first();
// 获取最后一个元素
let last  = vec.first();
```

5. 改变向量元素的值

```
fn main() {
    let mut vec = vec![1, 2, 4, 8];
    vec[1] = 0;
    println!("{:?}", vec);
}
```

程序输出为：

```
[1, 0, 4, 8]
```

与取值类似，向量通过下标直接赋值的做法也是危险的，安全的方式如下：

```
fn main() {
    let mut vec = vec![1, 2, 4, 8];
    let data = vec.get_mut(1);
    if let Some(i) = data {
        *i = 0;
    }
    println!("{:?}", vec);
}
```

程序输出为：

```
[1, 0, 4, 8]
```

通过“Vec::get_mut”方法获取向量中某个元素的可变引用，然后通过可变引用更改数据的值。

如果要在遍历中改变向量的值可以这样做：

```
fn main() {
    let mut vec = vec![100, 32, 57];

    for i in &mut vec {
        *i += 50;
    }

    println!("{:?}", vec);
}
```

程序输出为：

```
[150, 82, 107]
```

18.1.2 双端向量

双端向量（VecDeque）是一个双端的可增长的向量，这种数据结构无论是头部还是末尾都可以添加和删除元素，是一种比普通向量更适合作队列使用的数据结构。

```
use std::collections::VecDeque;

fn main() {
    let mut queue = VecDeque::<i32>::new();

    queue.push_back(1);
    queue.push_back(2);
    queue.push_back(3);

    loop {
        let elem = queue.pop_front();
        if let Some(i) = elem {
            println!("{}", i);
        } else {
            break;
        }
```

```
    }
}
```

程序输出为：

```
1
2
3
```

这是双端向量最典型的用法——作为一个队列，但双端向量还有非常丰富的使用方式，这里不可能将它们一一列出来，可以在使用的时候发掘它们。

18.1.3　链表

Rust 标准库中的链表（LinkedList）是双向链表，它不是一种混合线性数据结构而是纯粹的链表。虽然向量是一种通用的数据结构并在绝大部分情况下表现良好，但它还是有难以适用的情况，例如当一个线性表需要频繁地在中间添加或删除元素的时候，又例如当需要把多个线性表频繁地拼接在一起的时候。

```
use std::collections::LinkedList;

fn main() {
    let mut list_1 = LinkedList::<i32>::new();
    list_1.push_back(1);
    list_1.push_back(2);

    let mut list_2 = LinkedList::<i32>::new();
    list_2.push_back(3);
    list_2.push_back(4);

    list_1.append(&mut list_2);
    println!("{:?}", list_1);
}
```

程序输出为：

```
[1, 2, 3, 4]
```

注意：在本书编写时，Rust 标准库中的链表数据结构依然是一个包含大量不稳定方法的数据结构，因此如果没有必要请暂时不考虑使用。

18.2　字符串

字符串类（String）有很多的方法已经被读者熟知，本章主要介绍字符串的集合方法和 UTF-8 性质。

18.2.1 将数据转换为字符串

基础类型转换成字符串是每种编程语言必备的功能，否则数据将无法被传输和显示。基础类型的数据都可以通过“to_string”方法转换成 String 对象。

```
let one: String = 1.to_string();            // 整数到字符串
let float: String = (3.14).to_string();     // 浮点数到字符串
let slice: String = "slice".to_string();    // 字符串切片到字符串
```

除基础类型之外，很多其他类型的对象也具有“to_string”方法，“to_string”名称已经成为将数据转换为字符串的方法的统一名称。标准库中有一个特性要求实现它的类型必须包含“to_string”方法，这个特性是“std::string::ToString”。

```
pub trait ToString {
    pub fn to_string(&self) -> String;
}
```

如果在开发过程中希望某个数据类型具备“to_string”方法，可以令它实现这个特性：

```
struct Person {
    name: &'static str,
    age: u32
}

impl std::string::ToString for Person {
    fn to_string(&self) -> String {
        let mut result = String::from(self.name);
        result.push('\t');
        result.push_str(self.age.to_string().as_str());
        result
    }
}

fn main() {
    let person = Person {
        name: "Ulyan Sobin",
        age: 24
    };
    println!("{}", person.to_string());
}
```

程序输出为：

```
Ulyan Sobin 24
```

18.2.2 拼接字符串

在第 5 章（Rust 数据类型）中介绍过 String 类的“push”方法和“push_str”方法：

```
let mut string = String::from("Hello, ");
string.push_str("world");  // 追加字符串切片
string.push('!');          // 追加字符
```

这种方式可以拼接字符和字符串切片到字符串的末尾。

如果拼接两个字符串对象并得到一个字符串，可以直接使用“+”运算符：

```
fn main() {
    let s1 = "Hello, ".to_string();
    let s2 = "world".to_string();
    let s3 = "!".to_string();
    let s4 = s1 + &s2 + &s3;
    println!("{}", s4);
}
```

程序输出为：

```
Hello, world!
```

注意：使用“+”运算符的第一个参数类型是 String，第二个参数类型是“&String”或“&str”。字符串拼接会使第一个字符串的所有权转移到拼接后的字符串。

在 C 语言中有种便捷的语法可以将拼接过程复杂的字符串简单地拼接出来，那就是 sprintf 格式拼接函数。例如用 C 语言拼接一个表示时间的字符串：

```c
#include <stdio.h>

int main()
{
   int year = 2020, month = 1, day = 1;
   int hour = 13, minute = 0;

   char string[32];
   sprintf(string, "%d年%d月%d日 %02d:%02d",
      year, month, day, hour, minute);
   puts(string);

   return 0;
}
```

程序输出为：

```
2020年1月1日 13:00
```

Rust 中的“format!”宏也是用于拼接字符串的。它与“print!”类似，需要在第一个参数中传入所拼接字符串的格式，区别在于：“print!”宏会输出拼接的字符串；而“format!”宏会将拼接的字符串作为返回值返回：

```
fn main() {
    let (year, month, day, hour, minute) =
        (2020, 1, 1, 13, 0);
    let string = format!("{}年{}月{}日 {:02}:{:02}",
        year, month, day, hour, minute);
    println!("{}", string);
}
```

程序输出为：

```
2020年1月1日 13:00
```

“format!”宏将返回一个 String 类型的返回值。

18.2.3 字符串截取

集合与字符串都支持通过切片的方式截取一部分数据。

```
fn main() {
    let string = "0123456789".to_string();
    let part: &str = &string[1..5];
    println!("{}", part);
}
```

程序输出为：

```
1234
```

下面情况较为少见，即仅想从一个字符串中取出一个字符：

```
fn main() {
    let string = "0123456789".to_string();
    let ch = string.chars().nth(2).unwrap();
    println!("{}", ch);
}
```

程序输出为：

```
2
```

18.2.4 UTF-8 编码

Rust 语言与其他主流的编程语言（如 C 语言或 Java 1.6）有个很大的不同，那就是 Rust 语言官方的编译器不支持除 UTF-8 以外的编码。如果使用其他文字编码，如中国国家标准 GBK 编码编写文件，在编译的时候会提示以下错误：

```
error: couldn't read main.rs: stream did not contain valid UTF-8
```

所以，Rust 中所有的字符串常量中的字符必须是 UTF-8 编码的。

```
// UTF-8 编码支持多国语言
let hello = String::from("السلام عليكم");
let hello = String::from("Dobrý den");
let hello = String::from("Hello");
let hello = String::from("שָׁלוֹם");
let hello = String::from("こんにちは");
let hello = String::from("안녕하세요");
let hello = String::from("你好");
let hello = String::from("Olá");
let hello = String::from("Здравствуйте");
let hello = String::from("Hola");
```

UTF-8 编码是国际性编码，它支持世界上绝大多数国家和地区的语言和文字，甚至包括一些特殊的符号和表情包。

UTF-8 表示每种语言的字节长度都不相等，ASCII 英文字符被 UTF-8 完全兼容，仅占用 1 字节的长度。其他语言的单个字符占用 2～3 字节，其中简体中文单字符占用 3 字节。这种记录文字的方式给很多文字处理带来困难——文字不再以等长的形式被存储，这对文字的计数、分割和随机访问带来了困难。

```
fn main() {
    let s = "hello 你好";
    println!("{}", s.len());
}
```

猜想一下这段程序输出的值是多少？答案是 11。因为一个简体中文字符占用 3 字节，5 个英文字符和 2 个中文字符的大小是 $5\times1+3\times2=11$ 字节。字符串的 len 方法计算的是字符串的字节长度。如果想计算字符串字符的数量，需要先把字符串转换成字符集合并计算字符集合的长度：

```
fn main() {
```

```
    let s = "hello 你好";
    println!("{}", s.chars().count());
}
```

程序输出为：

```
7
```

字符集合用“chars()”方法取出。字符集合的 nth 方法取出的值也是 UTF-8 的字符：

```
fn main() {
    let s = "hello 你好";
    let ch = s.chars().nth(6).unwrap();
    println!("{}", ch);
}
```

程序输出为：

```
好
```

注意：字符集合中的大多数函数是通过流式读取执行的，所以尽量不要多次调用 nth 方法或 count 方法。如果想遍历字符串中的字符请使用 for 循环结构。

如果截取字符串时尝试将一个字符分割，如图 18-4 所示，将会出错。

h	e	l	l	o	你			好		
0	1	2	3	4	5	6	7	8	9	10
0	1	2	3	4	5			6		

图 18-4　UTF-8 字符串字符和字节位置对照

字节 5～7 是一个字符，当尝试截取字节 0～6 时就会出错：

```
fn main() {
    let s = "hello 你好";
    let p = &s[0..7];
    println!("{}", p);
}
```

程序输出为：

```
thread 'main' panicked at 'byte index 7 is not a char boundary;
it is inside '你' (bytes 5..8) of `hello 你好`', src\main.rs:3:14
stack backtrace:
   ...
note: Some details are omitted, run with `RUST_BACKTRACE=full` for
a verbose backtrace.
error: process didn't exit successfully: `target\debug\demo` (exit code: 101)
```

错误的原因是在截取字符串的过程中尝试分解字符。

18.3　映射表

映射表（Map）是一种以物换物的数据结构，它通过一种数据对象作凭据存储或取出另一种数据对象，因此映射表常常是具有两个类型参数的泛型。

数组可以通过一个整数获取一个对象，而映射表不只限于通过整数来获取对象。映射表用于作为映射凭据的对象叫作“键”（Key），通过“键”映射到的对象叫作“值”（Value）。

18.3.1　散列映射表

散列映射表（Hash Map）是通过数据散列值来进行自变量匹配的映射表，它是所有的散列表中最常用的种类之一。

```
use std::collections::HashMap;

fn main() {
    let mut map = HashMap::<&str, &str>::new();

    map.insert("color", "red");
    map.insert("size", "10 m^2");

    println!("{}", map.get("color").unwrap());
}
```

程序输出为：

```
red
```

所有的映射表都有一个 new 方法，此方法用于创建一个空的映射表。创建映射表之后可以使用 insert 方法向映射表中添加一个键值对，或用 get 方法通过一个键获取一个值。但是有的时候调用 get 方法给出的键找不到对应的值，所以 get 方法返回值是 Option 枚举类对象。

由于映射表的键需要取散列值并作相等判断，所以能作为散列映射表的键的类型必须实现 Hash 和 Eq 两个特性。所有基础类型都可以作为散列映射表的键。

如果需要把自定义的类型作为散列映射表的键，需要手动实现这两个方法：

```
use std::collections::HashMap;
use std::hash::{Hash, Hasher};

struct Key {
    key: &'static str
```

```
}

impl Key {
    fn new(key: &'static str) -> Key {
        Key {
            key
        }
    }
}

impl PartialEq for Key {
    fn eq(&self, other: &Self) -> bool {
        self.key.eq(other.key)
    }
}

impl Eq for Key {}

impl Hash for Key {
    fn hash<H: Hasher>(&self, state: &mut H) {
        state.write_usize(self.key.len());
    }
}

fn main() {
    let mut map = HashMap::<Key, &str>::new();

    map.insert(Key::new("color"), "red");
    map.insert(Key::new("size"), "10 m^2");

    println!("{}", map.get(&Key::new("size")).unwrap());
}
```

程序输出为：

```
10 m^2
```

注意：实现 Eq 特性需要先实现 PartialEq 特性。

18.3.2 B 树映射表

B 树代表了存放效率和搜索效率之间的最优折中。相比于散列映射表，B 树映射表（BTree Map）适用于键值更易于比较大小和排序的数据映射。

```
use std::collections::BTreeMap;
use std::time::SystemTime;

fn main() {
    let mut map = BTreeMap::<u32, String>::new();

    for i in 1..10000 {
        map.insert(i, i.to_string());
    }

    println!("Result = {}", map.get(&100).unwrap());
}
```

程序输出为：

```
Result = 100
```

虽然理论上 B 树映射表可能会对有序的数据更奏效，但是实际测试的性能结果表示它并不比散列映射表优秀，所以如非必要，请使用散列映射表。但如果希望散列表在插入键值对以后能按键的大小排序，请使用 B 树映射表。

如果需要用自定义的类型作为 B 树映射表键的类型，自定义的类型至少要实现以下特性：

（1）PartialEq。

（2）Eq。

（3）PartialOrd。

（4）Ord。

18.4 集

集（Set）是数学上常用的概念，指由不同的元素构成的整体。

在编程中，集内部的任意两个元素经比较不能相同，比较的过程会在元素进入集的时候发生。因为需要对数据进行比较，所以集能储存的元素必须至少实现 Eq 特性。

注意：有时人们把集称作“集合”，但本书中集合代表 Collection，所以用集代表 Set。

18.4.1 散列集

散列集（Hash Set）会在元素进入其中之前先比较新元素和集内元素的散列值，从而将大量重复的元素快速地拒之门外。

```
use std::collections::HashSet;
```

```
fn main() {
    let mut colors = HashSet::<&str>::new();

    colors.insert("Red");
    colors.insert("Green");
    colors.insert("Blue");
    colors.insert("Red");

    println!("{:?}", colors);
}
```

程序输出为：

```
{"Blue", "Red", "Green"}
```

虽然两次尝试插入 Red，但集中还是只有一个 Red。

集可以看作一个不允许任意两个内部元素相同的向量，向量可以删除内部元素，集也可以做到。除此之外，集还可以像向量一样被 for 循环遍历。

如果要使某个数据类型支持散列集，这个数据类型至少要实现 Hash 和 Eq 两个特性，其中 Eq 特性的实现还需要实现 PartialEq 特性。

```
use std::collections::HashSet;
use std::hash::{Hash, Hasher};

struct Color {
    value: &'static str
}

impl PartialEq for Color {
    fn eq(&self, other: &Self) -> bool {
        self.value.eq(other.value)
    }
}

impl Eq for Color {}

impl Hash for Color {
    fn hash<H: Hasher>(&self, state: &mut H) {
        self.value.hash(state);
    }
}

fn main() {
```

```
    let mut colors = HashSet::<Color>::new();

    colors.insert(Color { value: "Red" });
    colors.insert(Color { value: "Green" });
    colors.insert(Color { value: "Blue" });
    colors.insert(Color { value: "Red" });

    for color in colors {
        println!("{}", color.value);
    }
}
```

程序输出为：

```
Red
Green
Blue
```

18.4.2　B 树集

B 树最大的好处就是在有序情况下进行范围查询时速度更快，但对 B 树集来说，这个优势发挥得并不明显，毕竟依赖有序特性且需要集来存储的数据类型实在是不多。

```
use std::collections::BTreeSet;

fn main() {
    let mut colors = BTreeSet::<&str>::new();

    colors.insert("Red");
    colors.insert("Green");
    colors.insert("Blue");
    colors.insert("Red");

    println!("{:?}", colors);
}
```

程序输出为：

```
{"Blue", "Green", "Red"}
```

很明显，B 树集（BTree Set）中的元素顺序是按数据本身的大小来排布的。B 树集会在元素进入时将元素排到符合元素顺序的位置，从而提高查找时的速度。但实际上经过实验表明，B 树集速度无论是存储速度还是查找速度都不比散列集快，所以如果没有必要对数据排序，请使用散列集。

18.5 堆

堆（Heap）是一种树状的有序数据结构。

虽然堆内部是树状的逻辑结构，但对外表现出的依然是线性结构。堆通过对放入其中的数据的堆排序来降低数据在插入和取出时的时间复杂度，因此堆很适用于作为需要频繁插入和取出的有序线性数据结构。

18.5.1 二叉堆

二叉堆（Binary Heap）就是通过二叉树实现的堆。

堆分为最大堆（Max-heap）和最小堆（Min-heap）。最大堆指的是对数据从大到小排列的堆数据结构，最小堆则代表从小到大排列。Rust 中的 BinaryHeap 类型是典型的最大堆。

```
use std::collections::BinaryHeap;

fn main() {
    let arr: [u32; 5] = [3, 5, 4, 2, 1];
    let mut heap = BinaryHeap::<u32>::new();

    for i in arr {
        heap.push(i);
    }

    loop {
        let next = heap.pop();
        if let Some(i) = next {
            println!("{}", i);
        } else {
            break;
        }
    }
}
```

程序输出为：

```
5
4
3
2
1
```

很明显，数据是自大到小排列的。如果想使用最小堆结构，在将数据插入堆时需要使用

Reverse 转换一下排序方法。

```
use std::collections::BinaryHeap;
use std::cmp::Reverse;

fn main() {
    let arr: [u32; 5] = [3, 5, 4, 2, 1];
    let mut heap = BinaryHeap::<Reverse<u32>>::new();
    for i in arr {
        heap.push(Reverse(i));
    }

    loop {
        let next = heap.pop();
        if let Some(i) = next {
            println!("{}", i.0);
        } else {
            break;
        }
    }
}
```

程序输出为：

```
1
2
3
4
5
```

“std::cmp::Reverse”类用于转换实现了 Ord 特性的类型的比较大小的方法，使现有比较大小的结果与原有结果相反，从而使升序变成降序。

18.5.2　从向量创建堆

如果存在一个向量，并且需要转换成一个堆，可以使用“Binary::from”方法：

```
use std::collections::BinaryHeap;

fn main() {
    let vec = vec![3, 5, 4, 2, 1];
    let heap = BinaryHeap::from(vec);

    for i in heap {
```

```
        println!("{}", i);
    }
}
```

程序输出为：

```
5
4
3
2
1
```

第 19 章 面向对象编程思想的实现

面向对象编程（Object Oriented Programming, OOP）思想诞生于 20 世纪七八十年代。最早对面向对象思想提供实际支持的编程语言是诞生于 1979 年左右的 C++语言。

面向对象编程的思想强调编程工作应该面向程序所要处理的数据对象、面向要解决的问题本身而不是花费更多的时间思考如何令计算机解决这些问题。这种思想提供了许多现在依然非常时髦的编程概念，包括类、对象、封装、继承等。

Rust 语言不是一种“纯粹的面向对象的语言”，但依然可以容易地用 Rust 实现主要的面向对象编程思想。

19.1 类

类是对同类数据对象的抽象。

在一些主要的面向对象编程语言中（如 C++或 Java），类用 Class 这个词语来形容。虽然 Rust 中没有定义类的语法，但类的思想可以通过结构体和枚举类来实现。类主要包括数据的属性和方法，这两点 Rust 中的数据类型都可以实现。

例如，在 Java 中定义一个电灯的类：

Java

```java
class Light {
    boolean isOn;

    void on() {
        this.isOn = true;
    }
}
```

在 Rust 中可以通过定义结构体来实现几乎相同的效果：

```rust
struct Light {
    is_on: bool
}
impl Light {
```

```
    fn on(&mut self) {
        self.is_on = true;
    }
}
```

但是在 Rust 中使用结构体包含一个其他结构体或复合类型时要注意包含数据对象的存在性质，要判断所包含数据对象的所有权是否属于本结构体。如果所有权不包含在本结构体内，应当使用对应数据类型的引用类型而不是数据类型本身。

```
struct Light {
    is_on: bool
}

impl Light {
    fn on(&mut self) {
        self.is_on = true;
    }
}

struct Room {
    light: Light
}

impl Room {
    fn turn_on_light(&mut self) {
        self.light.on();
    }
}
```

这段程序定义了一个电灯类 Light 和一个房间类 Room ，房间包含了一个电灯，电灯的所有权属于房间，所以可以直接在房间类中声明电灯类本身。

但有些情况在定义类时不能直接索取属性的所有权：

```
struct Student {
    name: String
}

struct Course {
    name: String
}

struct Score<'a> {
    student: &'a Student,
```

```
    course: &'a Course,
    grade: f64
}
```

一个学生类 Student、一个课程类 Course 和一个成绩类 Score。由于成绩类中需要记录指定学生在指定课程的成绩，一个学生可以学习多门课程、一门课程可以被多个学生学习，学生与课程是多对多的关系，成绩类就无权占有学生类的对象或课程类的对象，因此只能用引用类型包含这两个属性。又由于引用生命周期未知，故这里必须使用生命周期声明。

19.2 对象

类是同类数据的抽象，类实例化的结果就是对象。

对象是类的实例，类就像生成对象的模板。从类生成对象的过程叫实例化。在 C++和 Java 语言流行的过程中广泛传播过一个习惯，那就是在编程中用 new 关键词来实例化对象。new 关键词可以调用类的“构造函数”来初始化数据对象：

Java

```java
class Light {
    boolean isOn;

    Light() {
        // 构造函数
        this.isOn = false;
    }
}

public class Main {
    public static void main(String[] args) {
        Light light = new Light();    // 实例化对象
    }
}
```

这是 Java 中使用构造函数实例化对象的案例。

```rust
struct Light {
    is_on: bool
}

impl Light {
    fn new() -> Light {
        Light {
            is_on: false
        }
```

```
    }
}

fn main() {
    let light = Light::new();
}
```

这是用 Rust 实现相同功能的方法。Rust 中不存在构造函数的语言概念，但是构造函数是个好习惯——它可以使对象的产生统一化。因此，Rust 中不成文规定通过一个名为 new 的静态方法生成一个数据对象以实现类的实例化。

19.3 封装

封装的思想是数据对象的内部结构应当能够被管理。所谓的“管理”主要是指对数据对象的内部结构添加访问权机制，只公开必要的部分供其他程序使用而不是全部暴露，以此来防止外部元素对数据对象内部元素的滥用。

在 Rust 中存在访问权的概念，并且在默认情况下所有的内部元素都是私有的，不能被外部的元素结构所访问。如果需要公开某个元素或方法需要使用 pub 关键字声明。这是实现封装思想的对应方法。

虽然 Rust 语言的访问权机制可以用于实现封装的思想，但考虑到它与工程组织相关内容联系更紧密，所以本书在第 15 章（工程组织和访问权）中重点介绍了 Rust 的访问权机制。访问权不仅适用于复合类型，而且适用于模块元素的管理。

```
mod home {
    pub struct Light {
        is_on: bool
    }

    impl Light {
        pub fn new() -> Light {
            Light {
                is_on: false
            }
        }

        pub fn on(&mut self) {
            self.is_on = true
        }
    }
}
```

```
fn main() {
    let mut light = home::Light::new();
    light.on();
}
```

这段程序中的 Light 在一个独立模块中，所以访问它需要添加公共访问权。它的属性 is_on 应该通过 on 方法安全地实现值的更改，而不是直接设置它的值。

19.4　继承

继承是在现有类的基础之上扩展一些新的属性和方法，从而使产生的新类更具体、更适用于描述新的数据对象类型。

Java

```java
class Shape {
    double x;
    double y;

    double distance() {
        return Math.sqrt(x * x + y * y);
    }
}

class Rectangle extends Shape {
    double width;
    double height;
    Rectangle(double x, double y, double w, double h) {
        super.x = x;
        super.y = y;
        this.width = w;
        this.height = h;
    }
}

public class Main {
    public static void main(String[] args) {
        Shape shape = new Rectangle(3, 4, 10, 10);
        System.out.println(shape.distance());
    }
}
```

这是用 Java 语言实现的继承程序。形状类 Shape 包含中心横坐标 x 和中心纵坐标 y 两个属性以及计算形状中心坐标到原点距离的方法 distance。矩形类 Rectangle 属于形状的一种，所以它继承了形状类，并扩展了属性宽度 width 和高度 height。因此，在主函数中矩形实例可以保存在形状类的变量中并以形状类的身份被调用。

Rust 语言不支持继承，所以也没有继承的官方实现方法，但依然可以实现与继承相似的效果。实际上，继承并不是一个不可分割的过程，继承包括数据继承和方法继承。其中，数据继承是指对父类中所有变量的继承。方法继承则是指继承了父类的公开方法，可以直接以父类的身份调用这些方法。

```
pub trait ShapeTrait {
    fn distance(&self) -> f64;
}

struct Shape {
    position: (f64, f64)
}

impl ShapeTrait for Shape {
    fn distance(&self) -> f64 {
        (self.position.0 * self.position.0 +
            self.position.1 * self.position.1)
            .sqrt()
    }
}

struct Rectangle {
    shape: Shape,
    width: f64,
    height: f64
}

impl ShapeTrait for Rectangle {
    fn distance(&self) -> f64 {
        self.shape.distance()
    }
}



fn main() {
    let shape: Box<dyn ShapeTrait> = Box::<Rectangle>::new(Rectangle {
        shape: Shape { position: (3.0, 4.0) },
        width: 10.0,
        height: 10.0
```

```
    });
    println!("{}", shape.distance());
}
```

程序输出为：

```
5
```

特性 ShapeTrait 用于规范 Shape 类的公开方法，Rectangle 类为了继承 Shape 类的数据，包含了一个 Shape 对象，并实现了 ShapeTrait 方法。在主函数中，矩形对象直接以 ShapeTrait 的身份存在并调用了 distance 方法。

在 Rust 中实现继承比起其他语言的直接实现继承要麻烦一些。但实际上在其他语言中继承一个类并没有用到继承之后的所有功能，只是利用了其中的一两个功能而已。所以在 Rust 中一般情况下不需要继承某个类，可以通过特性或包含等方式部分实现继承，满足需求即可。

19.5　多态

多态（Polymorphism）指多种数据类型实现相同的接口。

在 Java 中，接口（Interface）是对多态思想的实现。在 C++语言中，多态可以通过 virtual 方法来实现。在 Rust 中，多态是通过特性（Trait）来实现的。

在第 16 章（特性）中，已经对 Rust 中特性的语法进行了介绍，本节主要介绍特性实现多态的编程方式。

```
trait Electrical {
    fn on(&self);
    fn off(&self);
}

struct Light;

impl Electrical for Light {
    fn on(&self) {
        println!("Light is on");
    }

    fn off(&self) {
        println!("Light is off");
    }
}
```

```
struct Fan;

impl Electrical for Fan {
    fn on(&self) {
        println!("Fan is on");
    }

    fn off(&self) {
        println!("Fan is off");
    }
}

fn main() {
    let mut vec = Vec::<Box<dyn Electrical>>::new();
    vec.push(Box::new(Light));
    vec.push(Box::new(Fan));
    for e in vec {
        e.on();
        e.off();
    }
}
```

程序输出为：

```
Light is on
Light is off
Fan is on
Fan is off
```

这段程序中，特性 Electrial 规定了两个方法 on（开）和 off（关），有两个结构体 Light 和 Fan 实现了这个特性。当把两个不同类型的对象放入同一个 Electrial 向量中时，它们都可以以 Electrial 的形式被使用。

这里令人较为疑惑的地方在于 Box 的使用，它严重干扰了对程序的理解。请暂时记住这个类型并忽略它的存在，后面的章节中会讲到它。

第 20 章

堆 内 存 区

本章所说的堆（Heap）并不是在数据结构章节中所提到的数据结构，而是内存区中用于动态申请空间的区域——堆内存区。

20.1 内存的分配方式

C 语言标准库 stdlib 中包含内存分配函数 malloc 和 calloc，其中 malloc 是动态分配内存空间的重要方式。malloc 函数的主要功能是向操作系统申请一块指定大小的内存区，并将申请到的内存区地址以指针的形式返回给应用程序。

在计算机程序发展的过程中，程序曾经直接在计算机硬件上运行并掌握全部的内存资源，但不论是从计算机安全性角度还是从编程的方便性角度来讲，这样做都没有任何好处。之后诞生了操作系统，这种软件在计算机底层运行，负责管理一切硬件资源并为应用程序的运行提供便利，其中包括内存的分配。

现代计算机的内存分配主要有三种类型：静态内存分配、栈内存分配和堆内存分配。其中，静态内存分配的方式是历史最悠久的，这种方式一次性地向应用程序分配足够大的内存空间供应用程序运行，FORTRAN 77 语言的普通函数就是用这种方式分配内存。这种方式能满足非递归函数的需求，但如果程序运行时，某个函数调用了自己或调用了其他调用了自己的函数，也就是递归函数，这种方式就不适用了——因为这时函数的静态内存空间正被运行着的函数占用。

为了解决递归函数内存分配的问题，诞生了栈内存分配机制。栈内存分配机制利用一个栈管理每一次函数调用的内存。在函数被调用时，系统会从栈顶开辟一段空间给函数使用并在函数停止运行时将这部分空间从栈中弹出。因为函数的调用是嵌套关系，所以栈结构的后入先出机制很适合这种应用。

栈内存分配机制极大地增强了函数运行的灵活性，但依然无法解决诸如数据长度不确定等问题。有些数据的长度，例如从文件中读取的数据，有可能从几字节到几百万字节不等，编译时无法确定它的大小，也就无法针对性地开辟固定大小的空间。再如，一些数据的生命周期不同于函数的执行周期。这些情况下需要应用程序能按需地向操作系统申请分配空间，并在合适的时候释放这些空间。堆内存分配机制就是为了解决这个问题而出现的。

20.2 Box 类型

应用程序使用堆内存区的方式是向系统申请指定大小的内存，系统将内存分配好之后将内存区起始位置的内存地址以指针的方式返回给应用程序，应用程序在使用完这块内存区之后将内存区归还给系统。这是 C 语言中申请堆内存区的方式。

但实际上绝大部分情况下，开发者在开发一个应用程序时如果遇到需要申请内存区的情况，首先想到的不是要申请的内存空间有多大，而是为哪个数据类型申请内存空间。所以在向系统申请内存时所提交的数据大小需要经过计算获得，这很不方便。

在 Java 这样的面向对象的编程语言中需要大量的实例化类生成对象，每个对象的数据都是存放在堆中的，实例化过程是由 Java 的运行环境来判断类型的大小并向系统申请堆内存区空间，这使得申请堆内存变得十分方便。

但 Rust 不像 Java，Rust 不是一个把所有对象的数据都放在堆区的编程语言。如果直接初始化一个结构体，这个结构体中的数据一定是放在栈区中的：

```
struct Object {
    a: u32,
    b: f32
}

let object = Object {
    a: 10000,
    b: 10001_f32
};
```

Object 类型内含一个 32 位无符号整数和一个 32 位浮点数，总长度 8 字节，这种定义方式中 object 对象会被存放在栈区中。

如果要在堆区中申请一块空间，需要使用 Box 类：

```
struct Object {
    a: u32,
    b: f32
}

let object = Box::new(Object {
    a: 10000,
    b: 10001_f32
});
```

“Box::new” 方法用于创建一个堆内存区中的数据实例。此方法会向系统申请一块与传入的数据实例同等大小的堆内存区并将数据置入其中。

当然，一般情况下是用不着 Box 的。函数执行时栈区的空间几乎可以容纳所有的变量，只有数据大小在编译时依然无法确定的对象必须使用 Box 类。最典型的“编译时无法确定其大小的对象”就是递归式数据结构，例如链表：

错误

```
struct Link {
    data: i32,
    next: Option<Link>
}

fn main() {
    let link = Link {
        data: 1,
        next: Some(Link {
            data: 2,
            next: Some(Link{
                data: 3,
                next: None
            })
        })
    };
}
```

这是一段错误的程序，编译时会发生错误：

```
error[E0072]: recursive type 'Link' has infinite size
 --> src\main.rs:1:1
  |
1 | struct Link {
  | ^^^^^^^^^^^ recursive type has infinite size
2 |     data: i32,
3 |     next: Option<Link>
  |           ------------ recursive without indirection
  |
help: insert some indirection (e.g., a 'Box', 'Rc', or '&') to make 'Link'
representable
  |
3 |     next: Box<Option<Link>>
  |           ^^^^            ^
```

错误提示中指出：应该用 Box 包装 next 属性。

```
struct Link {
    data: i32,
    next: Option<Box<Link>>
```

```
}

fn main() {
    let link = Some(Box::new(Link {
        data: 1,
        next: Some(Box::new(Link {
            data: 2,
            next: Some(Box::new(Link{
                data: 3,
                next: None
            }))
        }))
    }));

    let mut lnk = &link;
    loop {
        if let Some(b) = lnk {
            println!("{}", b.data);
            lnk = &b.next;
        } else {
            break;
        }
    }
}
```

程序输出为：

```
1
2
3
```

这段程序中用 Box 包装了 Link，再用 Option 枚举类包装了 Box 类。虽然 Box 的中文意思是“盒子”，但实际上它并不是一个盒子，而是一个指针。Box 创建对象的过程是在堆区中创建数据对象实例后将其指针存放在栈中的 Box 类型的数据实例上，所以 Box 可以把长度不固定的数据以长度固定的指针数据类型存放。从表面上看，就像是把数据放进了某个盒子里。

20.3 Box 解引用特性

为什么 Box 对象可以直接调用其包含的对象的方法？不明白原理的开发者在使用 Box 的时候常会对这个现象感到疑惑。

其实这是因为 Box 类型实现了 Deref 特性，该特性用于重载“解引用运算符”，也就是说 Box 其实可以当作一个引用类型来使用：“Box<SomeType>”相当于“&SomeType”。

关于 Deref 的详细信息，请参见第 22 章（运算符方法）。

20.4　dyn 关键字

在 19.5 节（多态）中曾经举过一个有关特性统一处理的案例。在示例程序中，一组满足同一个特性但类型不同的对象被特性规定的方法统一起来，可以被统一处理。这个案例中用到了 dyn 关键字，并将它与 Box 同时使用。

dyn 关键字的含义是动态大小类型（Dynamically Sized Types），适用于大小未知的情况。因为不同的数据类型即使实现了同一个特性，它们的对象的大小依然可能不同，这一点决定它们很适合通过 Box 来处理，所以 dyn 常常和 Box 结合使用。

但 dyn 并不是只能与 Box 一起使用，有关 dyn 的详细信息会在第 21 章（高级引用）中介绍。

20.5　Box 的所有权

前面曾经讲过，堆区的使用方式是应用程序自行申请内存空间并自行释放。到目前为止，还没有看到 Box 是怎么释放的。

Rust 语言中，堆区的数据不存在直接的所有权，它们的所有权归 Box 指针所有。也就是说，Box 变量的生命周期就是其在堆中数据的生命周期，当 Box 变量因超出生命周期而被回收时编译器会调用相关方法释放它在堆中的内存空间。

正是因为如此，Box 从诞生到灭亡都不需要关心它背后的复杂原理，完全可以把它当作一个大小可变的“盒子”。

第 21 章

高级引用

Rust 是一个十分注重安全性的语言，在 Rust 语言中出现的种种语法现象都能反映出这一点。但是安全是有代价的，安全的代价在于添加更多的限制以至于实现同样的功能不像其他语言那样简单。

本章将介绍 Rust 中的高级引用类型。这些“高级”的引用将可以实现普通引用难以实现却又必不可少的功能。

21.1 Box 引用

在第 20 章（堆内存区）中已经详细介绍了 Box 类型，所以在本处仅说明 Box 也是 Rust 语言高级引用之一。

Box 的高级之处在于它是专门用来引用存储在堆中的数据的。如果遇到以下情况之一推荐选择 Box 作为引用类型。

（1）当需要储存一个在编译时大小不确定的数据的时候。

（2）当存放一个占用空间很大的数据且不想在转移所有权时移动数据位置的时候。

（3）当需要存放实现某一个特性的数据实例但不关心它具体类型的时候。

21.2 Rc——引用计数

到目前为止，在开发中必须尽量避免如图 21-1 所示情况的出现。

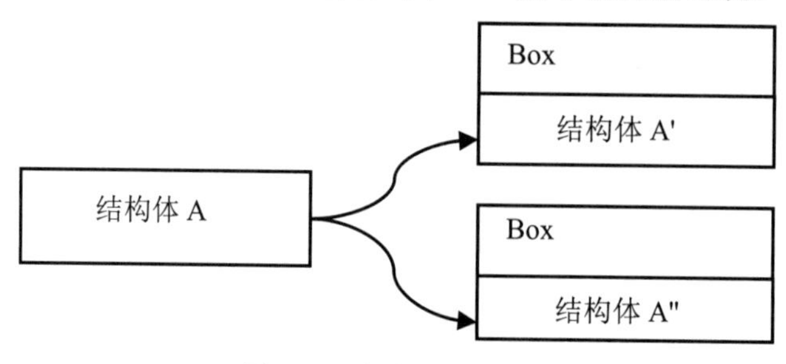

图 21-1　复杂类型的多次使用

用 Rust 语言来表示就是：

错误

```
struct A {
    value: i32
}

fn main() {
    let a = A { value: 10000 };
    let a_1 = Box::new(a);
    let a_2 = Box::new(a); // 错误! 使用了转移过的变量 a
}
```

这段程序的错误在于使用了已经被转移的变量 a。但有时不得不将一个不能被复制（没有实现 Copy 特性）的变量克隆一下使用但又不想把它们的数据复制一份，例如把现存的某个链表分别拼接到另外两个链表的末尾，这时人们就想到了引用计数的好处。

引用计数（Reference Counting, RC）是一种实现了 Copy 特性的泛型类，用于使不易于克隆的数据类型（常常是复杂或占用很大内存空间的数据类型）能够使用 clone 方法。Rc 类型像 Box 类型一样会将数据存放在堆上，当调用它的 clone 方法时它会将引用数量加 1。当 Rc 释放时会检查自己的引用数量，如果引用数量等于 0，堆上的数据本体才会被真的释放。Rc 会让数据的使用更加灵活。

使用 Rc 的语句如下：

```
let data = Rc::new(10000);
```

Rc 让原本无法被克隆的数据可以被“克隆”。

```
use std::rc::Rc;

struct A {
    value: i32
}

fn main() {
    let a = Rc::new(A { value: 10000 });
    let a_1 = Box::new(a.clone());
    let a_2 = Box::new(a.clone());
    println!("a_1 = {}, a_2 = {}", a_1.value, a_2.value);
}
```

程序输出为：

```
a_1 = 10000, a_2 = 10000
```

如果现在有一个线性表，希望将它同时追加到两个其他线性表的末尾以实现数据的重复使用，如图 21-2 所示。

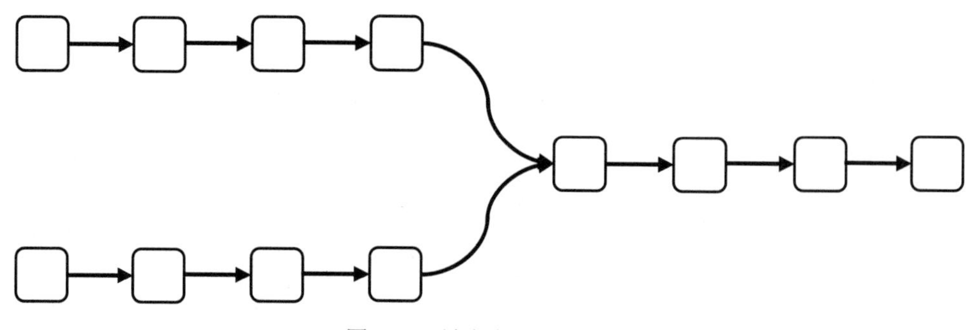

图 21-2　链表多次拼接

这种情况很适合使用 Rc 实现：

```
use std::rc::Rc;
use crate::Link::{Value, End};

enum Link {
    Value(i32, Rc<Link>),
    End
}

impl Link {
    fn print(&self) {
        let mut p = self;
        loop {
            if let Value(value, next) = p {
                print!("{} ", value);
                p = next;
            } else {
                break;
            }
        }
        println!();
    }
}

fn main() {
    let a = Rc::new(Value(1, Rc::new(Value(1, Rc::new(End)))));
    let b = Value(2, Rc::new(Value(2, a.clone())));
    let c = Value(3, Rc::new(Value(3, a.clone())));
    b.print();
    c.print();
```

```
}
```

程序输出为：

```
2 2 1 1
3 3 1 1
```

但引用计数也有一些缺点，例如不能作为可变引用存在：

错误

```
use std::rc::Rc;

fn main() {
    let a = Rc::new(1);
    *a += 1;
}
```

由于 Rc 没有实现 DerefMut 特性，所以不能当作可变引用来使用。

21.3　Mutex——互斥锁

互斥锁是并发编程中的重要概念，其主要功能是保障数据对象不能同时被超过一个方面访问或使用。

如图 21-3 所示，在使用互斥锁保护的数据之前要获得数据使用权，这个过程被称为上锁（Lock）。当使用结束时需要解锁（Unlock）才能使被保护的数据被其他方面使用。如果一个互斥锁被上锁期间有其他方面尝试对其上锁，线程会进入等待状态，直到当前已经获得使用权的方面解锁为止。

建立互斥量的方法如下：

```
let mutex = Mutex::new(10000);
```

互斥锁的上锁功能用函数 lock 实现，解锁功能随着上锁对象的生命周期结束自动进行。由于上锁有可能使线程进入等待状态，所以要十分谨慎地使用，避免线程进入无限等待状态。如果在单线程中使用互斥量，一定要避免同时超过一次地上锁，如：

```
use std::sync::Mutex;

fn main() {
    let mutex = Mutex::new(10000);
    let mut locked_1 = mutex.lock().unwrap();
    println!("'locked_1' 已上锁");
    let locked_2 = mutex.lock().unwrap();             // 这里会无限等待
    println!("'locked_2' 已上锁");
    *locked_1 += 1;
```

```
    println!("{}", locked_2);
}
```

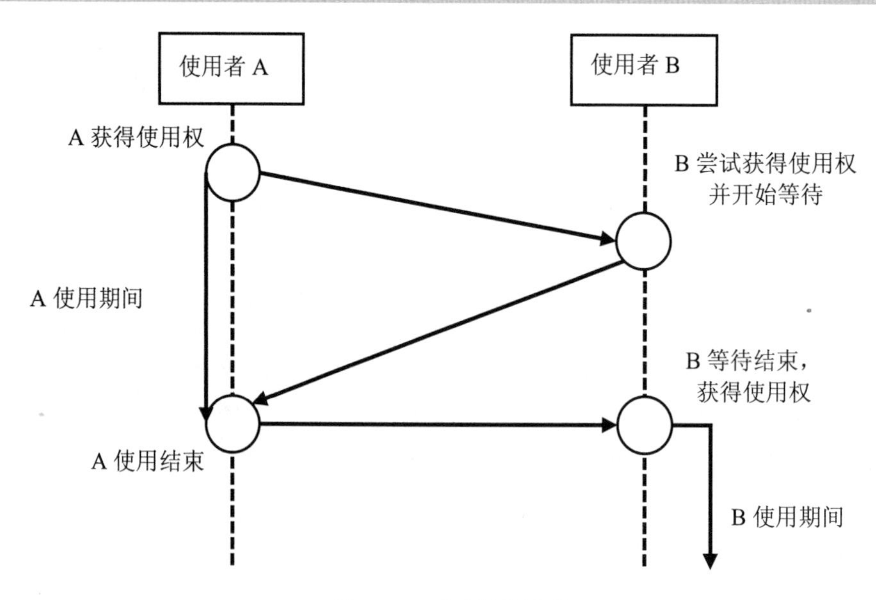

图 21-3 互斥锁的原理

这段程序虽然能通过编译，但无法运行结束。因为在第二次上锁时会等待第一次上锁结束，而第一次上锁的解锁过程又在等待第二次上锁的结束，形成了线程内死锁。

正确的使用方式如下：

```
use std::sync::Mutex;

fn main() {
    let mutex = Mutex::new(10000);
    {
        let mut locked_1 = mutex.lock().unwrap();
        println!("'locked_1' 已上锁");
        *locked_1 += 1;
    }
    let locked_2 = mutex.lock().unwrap();           // 这里不会无限等待
    println!("'locked_2' 已上锁");
    println!("{}", locked_2);
}
```

程序输出为：

```
'locked_1' 已上锁
'locked_2' 已上锁
10001
```

除了线程内死锁以外，多线程程序的死锁现象更常见，关于这类现象的详细信息将在第23章（无畏并发）中详细阐述。

互斥锁可以与Rc相结合，实现Rc可变访问：

```
use std::rc::Rc;
use std::sync::Mutex;

fn main() {
    let mut_rc = Rc::new(Mutex::new(10000));
    {
        let copy = mut_rc.clone();
        let mut locked_1 = copy.lock().unwrap();
        *locked_1 += 1;
    }
    let locked_2 = mut_rc.lock().unwrap();
    println!("mut_rc = {}", locked_2);
}
```

程序输出为：

```
mut_rc = 10001
```

这段程序将一个互斥锁包含在一个引用计数“mut_rc”中，在“克隆”了互斥锁之后上锁、将数据的值加一。然后再解锁、重新上锁、取出数据的值并输出。这段程序还证明了之前在讲述引用计数时说明的一个道理：引用计数的克隆只是多了个引用，并没有发生数据本身的复制。所以对克隆的对象做加法后数据本身的值也改变了。

第 22 章

运算符方法

编程语言中的运算符，包括加减乘除和解引用符在内的同类运算符，都可以看作某个函数的语法糖。在一些像 C++一样的语言中支持为运算符编写函数，Rust 中也同样支持这一点。可以使用运算符调用的方法叫作“运算符方法”。

22.1 Rust 运算符方法

Rust 中运算符方法是通过实现（Implement）与运算符对应的系统特性（Trait）来实现的，这些特性都位于“core::ops”库中。实现这些特性允许为运算符编写方法。

例如，加法运算：a + b，也可以以函数的形式实现：

```
fn add(a: i32, b: i32) -> i32
```

运算符方法就是用来为特性类型编写方法，使它的实例在被相对应的运算符运算时能够调用这个方法。

Rust 中有很多的运算符，但不是每一种运算符都被支持编写运算符方法，只有在“core::ops”库中存在对应特性的运算符，例如加法运算符“+”才能够编写运算符方法，像赋值运算符“=”这样的运算符就没有对应的特性，不能编写运算符方法。

编写运算符方法的注意事项如下。

（1）运算符方法只能对部分现有的运算符编写方法，不能创造新的符号。

（2）尽管运算符方法在编写之后能够通过运算符调用并且效果与函数形式一样，但在编写时还是要关心使用者对这种语法的认知和感受，尽量不要做出与运算符含义无关的方法（例如用减号表示加法）。

（3）运算符的操作数常常是实现了 Copy 特性的类型，以便于克隆，但不是所有的类型都方便被克隆，所以在编写运算符方法时，请对不方便实现 Copy 特性的类型的本身和其引用类型都实现相关的运算符方法以便使用。

22.2 实现运算符方法

Rust 中最常见的数学运算符包括加、减、乘、除等。其中，这四个运算符都支持运算符方法并在“core::ops”库中有相对应的特性。

22.2.1 实现复数加法

```
use std::ops::Add;

struct Complex {
    a: f64,
    b: f64
}

impl Add for Complex {
    type Output = Self;

    fn add(self, rhs: Self) -> Self {
        Self {
            a: self.a + rhs.a,
            b: self.b + rhs.b
        }
    }
}

fn main() {
    let m = Complex { a: 1.0, b: 1.0 };
    let n = Complex { a: 2.0, b: 3.0 };
    let p = m + n;
    println!("{} + {}i", p.a, p.b);
}
```

程序输出为：

```
3 + 4i
```

这段示例程序中用结构体 Complex 表示复数，其包含两个字段 a 和 b ，分别表示复数的实部和虚部。根据复数加法的运算法则，结果也是一个复数。

加法运算符是二元运算符，它有两个操作数。其他的数学运算符和它基本一样，只是运算规则有所不同。

22.2.2 引用类型运算符方法实现

上一段程序中有个相当大的问题：m 和 n 作为操作数运算之后，它们的所有权发生了转移，不能再使用了。有些情况下要求被运算过的操作数不能失去所有权，遇到这种情况应当对指定类型的引用类型实现运算符方法：

```
use std::ops::Add;

struct Complex {
    a: f64,
    b: f64
}

// 对 &Complex 实现运算符方法
impl Add for &Complex {
    type Output = Complex;   // 生成的结果是 Complex 类型的

    fn add(self, rhs: Self) -> Complex {
        Complex {
            a: self.a + rhs.a,
            b: self.b + rhs.b
        }
    }
}

fn main() {
    let m = Complex { a: 1.0, b: 1.0 };
    let n = Complex { a: 2.0, b: 3.0 };
    let p = &m + &n;          // 调用时使用引用类型
    println!("{} {} {} {}", m.a, m.b, n.a, n.b);
    println!("{} + {}i", p.a, p.b);
}
```

程序输出为：

```
1 1 2 3
3 + 4i
```

对引用类型实现运算符方法可以避免使操作数失去所有权，但在调用它的时候必须写借用运算符。

22.3 支持实现运算符方法的运算符

“core::ops”库中支持实现运算符方法的运算符如表22-1所示。

表22-1 Rust中支持实现运算符方法的运算符

<table>
<tr><th>特性名称</th><th>对应的运算符</th></tr>
<tr><td>Add</td><td>加法运算符“+”</td></tr>
<tr><td>AddAssign</td><td>自加运算符“+=”</td></tr>
<tr><td>BitAnd</td><td>“和”位运算符“&”</td></tr>
<tr><td>BitAndAssign</td><td>“和”位运算自运算符“&=”</td></tr>
<tr><td>BitOr</td><td>“或”位运算符“|”</td></tr>
<tr><td>BitOrAssign</td><td>“或”位运算自运算符“|=”</td></tr>
<tr><td>BitXor</td><td>“异或”位运算符“^”</td></tr>
<tr><td>BitXorAssign</td><td>“异或”位运算自运算符“^=”</td></tr>
<tr><td>Deref</td><td>不可变解引用运算符“*”，如“*v”</td></tr>
<tr><td>DerefMut</td><td>可变解引用运算符“*”，如“*v += 1”</td></tr>
<tr><td>Div</td><td>除法运算符“/”</td></tr>
<tr><td>DivAssign</td><td>除法运算自运算符“/=”</td></tr>
<tr><td>Drop</td><td>析构函数，这是对象在生命周期超出时运行的函数，没有符号</td></tr>
<tr><td>Fn</td><td>调用函数运算符，接收返回值的变量不可变</td></tr>
<tr><td>FnMut</td><td>调用函数运算符，接收返回值的变量可变</td></tr>
<tr><td>FnOnce</td><td>调用函数运算符，没有专门接收返回值的变量，一次性使用</td></tr>
<tr><td>Index</td><td>下标运算符，像数组的下标“[]”，返回值不可变</td></tr>
<tr><td>IndexMut</td><td>下标运算符，像数组的下标“[]”，返回值可变</td></tr>
<tr><td>Mul</td><td>乘法运算符“*”</td></tr>
<tr><td>MulAssign</td><td>乘法运算符自运算符“*=”</td></tr>
<tr><td>Neg</td><td>负数运算符“-”，这是一元运算符</td></tr>
<tr><td>Not</td><td>逻辑非运算符“!”</td></tr>
<tr><td>RangeBounds</td><td>范围运算符“..”，“a..”，“..b”，“..=c”，“d..e”和“f..=g”</td></tr>
<tr><td>Rem</td><td>求余运算符“%”</td></tr>
<tr><td>RemAssign</td><td>求余运算符自运算符“%=”</td></tr>
<tr><td>Shl</td><td>向左移位运算符“<<”</td></tr>
<tr><td>ShlAssign</td><td>向左移位运算符自运算符“<<=”</td></tr>
<tr><td>Shr</td><td>向右移位运算符“>>”</td></tr>
<tr><td>ShrAssign</td><td>向右移位运算符自运算符“>>=”</td></tr>
</table>

续表

特性名称	对应的运算符
Sub	减法运算符“-”，这是二元运算符
SubAssign	减法运算符自运算符“-=”

注意：上述特性中的 Shl 和 Shr，也就是向左移位运算符和向右移位运算符虽然可以编写运算符方法，但由于编译器类型判断对它们的特殊处理，使用运算符和函数得到的结果的类型有可能不同！

22.4 特殊的运算符

本节将列举说明一些在编程中有关键作用的特殊运算符方法的实现，它们不是必须了解的内容，所以如果急于了解其他 Rust 知识，可以直接跳过此节。

22.4.1 Deref 和 DerefMut 特性

Deref 特性全称解引用（Dereferencing），专门用于不可变的解引用过程。DerefMut 是 Deref 的可变版本，用于可变的解引用过程。

Deref 和 DerefMut 应该用在诸如 Box、Rc 这样的高级引用类型，实现它的类往往包含一个泛型并可以直接调用其泛型的方法。

```
use std::ops::{Deref, DerefMut};

struct Pointer<T> {
    source: T
}

impl<T> Deref for Pointer<T> {
    type Target = T;

    fn deref(&self) -> &Self::Target {
        &self.source
    }
}


impl<T> DerefMut for Pointer<T> {
    fn deref_mut(&mut self) -> &mut Self::Target {
        &mut self.source
    }
}
```

```
fn main() {
    let mut a: Pointer<i32> = Pointer { source: 1 };
    let b: Pointer<i32> = Pointer { source: 2 };
    *a += *b;
    println!("a = {}", *a);
}
```

程序输出为：

```
a = 3
```

这段程序中 Pointer 是一个代表指针的泛型结构体，它实现了 Deref 和 DerefMut 两个特性，所以在主函数中，两个“Pointer<i32>”类型的变量 a 和 b 可以直接像两个整数一样进行加法运算。

如果需要调用对象的方法，可以直接省略“*”解引用符：

```
let mut string = Pointer { source: String::new() };
string.push_str("Hello, Rust!");
println!("{}", *string);
```

将主函数中的程序替换成这段程序将会输出：

```
Hello, Rust!
```

22.4.2　Drop 特性

Rust 中当一个数据不再被使用时就会调用 Drop 特性中的 drop 方法，该函数的作用类似于 C++语言中的析构函数，但是 drop 方法不需要人为调用，它会在数据超出生命周期时自动被编译器安排调用。

```
struct Value<T> {
    value: T
}

impl<T> Drop for Value<T> {
    fn drop(&mut self) {
        println!("Value is dropped!");
    }
}

fn main() {
    println!("程序开始运行");
    let value = Value { value: "data" };
```

```
    println!("value = {}", value.value);
    println!("程序运行已停止");
}
```

程序输出为：

```
程序开始运行
value = data
程序运行已停止
Value is dropped!
```

这段程序中 Value 类型实现了 Drop 特性，在被析构时会输出“Value is dropped!”。很明显，一直到主函数运行结束，value 变量才被析构。

当然，也可以手动在合适的位置调用 drop 方法：

```
println!("程序开始运行");
let value = Value { value: "data" };
println!("value = {}", value.value);
std::mem::drop(value);
println!("程序运行已停止");
```

如果将主函数中的程序改成这一段程序，输出结果将变成：

```
程序开始运行
value = data
Value is dropped!
程序运行已停止
```

注意：不能直接调用对象的 drop 方法，而要通过系统函数“std::mem::drop”来进行析构。

22.4.3 Fn、FnMut 和 FnOnce 特性

Fn、FnMut 和 FnOnce 这三个特性用于使实现它的类型能够像函数一样被调用。但一般情况下这三个特性不是用来实现的，而是用于表示一个“函数指针”。

注意：本书一直是基于稳定版工具集进行演示的，但这三个特性无法在稳定版分支中使用，只能在 Nightly 工具集中使用（需要重新安装 Rust 编译工具集）。所以如非必要请不要使用这三个特性。

以下是来自 Rust 社区成员 QuineDot 的示例程序，感谢 QuineDot 的贡献！

```
#![feature(fn_traits)]
#![feature(unboxed_closures)]

struct MyFn;
```

```
impl FnOnce<()> for MyFn {
    type Output = ();
    extern "rust-call" fn call_once(
                mut self, args: ()) -> <Self as FnOnce<()>>::Output {
        println!("FnOnce");
        <Self as FnMut<()>>::call_mut(&mut self, args)
    }
}

// You can remove this one and call `FnOnce`
impl FnMut<()> for MyFn {
    extern "rust-call" fn call_mut(
                &mut self, args: ()) -> <Self as FnOnce<()>>::Output {
        println!("FnMut");
        <Self as Fn<()>>::call(self, args)
    }
}

// You can remove this one and call `FnMut`
impl Fn<()> for MyFn {
    extern "rust-call" fn call(&self, _: ()) -> <Self as FnOnce<()>>::Output

        println!("Fn");
    }
}

fn take_fn_once<F: FnOnce<()>>(f: F) {
    println!("---");
    f();
}

fn take_fn_mut<F: FnMut<()>>(mut f: F) {
    println!("---");
    f();
}

fn take_fn<F: Fn<()>>(f: F) {
    println!("---");
    f();
}

fn main() {
```

```
    let myfn = MyFn;
    myfn();

    take_fn_once(MyFn);
    take_fn_mut(MyFn);
    take_fn(myfn);
}
```

也可以在 Rust Play 上运行这段程序：http://t.cn/A6IVMqhT。

程序正常运行时输出为：

```
Fn
---
FnOnce
FnMut
Fn
---
FnMut
Fn
---
Fn
```

但更多情况下，这些特性应当用于在函数参数中表示“函数指针”的类型：

```
fn call<F>(func: F)
where F: FnOnce() -> ()
{
    func();
}

fn main() {
    call(|| {
        println!("来自闭包的消息");
    });
}
```

程序输出为：

```
来自闭包的消息
```

call 是一个参数，是一个实现了 FnOnce 特性的对象，也就是一个函数。除了闭包以外，也可以直接传入参数、返回值格式相符的函数名：

```
fn call<F>(func: F)
    where F: FnOnce() -> ()
```

```
{
    func();
}

fn sub_func() {
    println!("来自子函数的消息");
}

fn main() {
    call(sub_func);
}
```

程序输出为：

```
来自子函数的消息
```

第 23 章

无 畏 并 发

计算机初始阶段的发展思路并不能满足现代计算机同时进行多任务的需求，所以早期大多数流行编程语言的设计都是针对单线程计算任务的。虽然后来这些编程语言通过对标准库的扩充提供了对多线程编程的支持，但由于语言本身的局限，所以并发中线程内常常出现不可恢复错误。

如果将 Rust 语言仅作为一个处理单线程任务的编程语言来说，它的很多机制（如所有权机制）将使编程时的顾虑变得更多。但如果用它来实现多线程程序，这些看似“蹩脚”的语法规则能真正做到“无畏并发”。

23.1 并发和问题

并发（Concurrent）是指同时有多个任务处于执行状态的现象。

并发在现代的各种计算机上应用都很普遍。例如，对于个人计算机来说，当用浏览器浏览有动画的网页时单击一个按钮，该按钮触发了某个动作，但动画并没有因为按钮任务的进行而停止播放。这就是一种典型的前端并发现象。对于服务器计算机来说，一个服务器程序（例如 FTP 文件服务器），在一个用户从它那里获取数据的时候并不妨碍另一个用户访问它。这就是服务器程序中的典型并发现象。

并发是现代计算机必须支持的功能，所以在编程中对并发的支持成为了一个编程语言在设计时必须考虑的问题。对并发的支持难度主要在于处理与并发相关的问题。

23.1.1 数据共用

数据共用是导致其他并发问题的基础因素。并发程序中的多个任务之间不是毫无关联的，将它们联系在一起的就是它们共用的数据。在单线程程序中一个变量或数据对象不可能同时被多个方面所访问或修改，但是在并发程序中这就是个问题：假设正在运行的两个线程同时访问同一个数据对象，如果仅仅是同时读取，这没有什么问题，但如果有一方尝试写入，那就会发生不可预料的结果。

为了解决数据共用造成的问题，计算机科学家们研究了很多解决方案，其中最普遍的一种解决方式就是给可能被共用的数据对象加“锁”。这个“锁”主要指互斥锁（Mutex），添加互斥锁的数据对象在使用前必须对该数据对象上锁，并在使用结束之后解锁。上锁之后的数据对象在解锁之前都无法再次被上锁。互斥锁能够保障数据在任意时刻只能被一个方面使用或访问。

23.1.2　数据回收

数据回收问题也是并发程序中必须考虑的问题，这个问题主要由数据共用引发。在单线程程序中数据的生命周期可以被判断出来，但在并发程序中由于数据的共用特性，数据的回收就成了问题：任何线程中数据生命周期的结束都不意味着其他线程中该数据不需要再被使用。如果提前回收会导致其他线程使用出错；如果不及时回收会影响系统的运行，对系统稳定性和运行可持续性造成不可恢复的影响。

对于共用数据的回收最有效的管理办法是引用计数，既然在编译时解决不了问题就在运行时解决。当一个数据被引用时，引用计数加一。当一个引用生命周期结束时引用计数减一，如果引用计数为 0，则直接回收数据。

23.1.3　死锁

死锁（Deadlock），也称为“僵局”，这是一种在并发编程中非常容易出现的情况，由互斥锁引起。由于互斥锁在上锁时有可能要等待，所以如果多个线程同时等待形成等待循环就会导致这个程序无法继续进行下去。例如，A 和 B 两个线程，A 对变量 C 上锁，B 对变量 D 上锁，现在 A 要申请对 D 上锁，且同时 B 申请对 C 上锁，这样 A 在等待 B 释放 D，B 在等待 A 释放 C，形成了循环等待，就会一直等待下去导致程序无法执行。死锁既可以偶然出现，也可以必然出现，是并发程序的错误中较为难以预防的一种。

目前解决死锁问题的方案很多，主要有两种：一种是计时法，这种方法给上锁过程添加了时间限制，如果超过了时间限制就放弃执行现有线程和资源以作出让步。这种方式很不合理，它会令线程内可恢复错误演变成线程内不可恢复错误，影响系统稳定性。另一种方式是避免单个线程对多个互斥锁上锁，如果有多个资源也应该用同一个互斥锁保护。这种方式相比之下会比前一种方案稳定得多。

23.1.4　线程通信

线程间的通信可以令线程拥有触发其他线程执行任务的能力。

几乎所有的流行编程语言和库都有其实现线程通信的方法，目前较为可靠的方式是消息传递，一个线程不断地侦听来自消息通道的消息，当另一个线程向它发送消息时该线程就会接收并处理消息。

23.2 多线程

大多数操作系统中都有进程（Process）和线程（Thread）的概念，计算机中的一个进程可以包含若干线程。

计算机中大多数应用软件都是单进程多线程的，多线程机制可以实现单进程应用的并发。Rust 中创建线程要用到“std::thread”标准库的 spawn 函数。

```
use std::thread;

fn sub_thread() {
    for i in 1..5 {
        println!("Sub thread print {}", i);
    }
}

fn main() {
    thread::spawn(sub_thread).join().unwrap();
    for i in 1..5 {
        println!("Main thread print {}", i);
    }
}
```

程序输出为：

```
Sub thread print 1
Sub thread print 2
Sub thread print 3
Sub thread print 4
Main thread print 1
Main thread print 2
Main thread print 3
Main thread print 4
```

“std::thread::spawn”函数唯一的参数是一个无参函数，这个函数将在新的线程被建立时调用，也就是子线程的起点。这个函数也可以用闭包表示：

```
thread::spawn(|| {
    for i in 1..5 {
        println!("Sub thread print {}", i);
    }
}).join().unwrap();
```

“std::thread::spawn”函数的返回值是一个 JoinHandle 类型的对象。该对象包含一个 join 方法，该方法可以将子线程与当前线程连接起来，其效果是子线程将与当前线程同步进行直到子线程结束，也就是说当前线程在执行 join 方法后会等待子线程结束后再继续进行。

如果想让子线程真正做到独立于当前线程进行，就不能使用 join 方法，但也要确保当前线程不能于子线程结束前结束：

```
use std::thread;
use std::time::Duration;

fn main() {
    thread::spawn(|| {
        for i in 1..5 {
            println!("Sub thread print {}", i);
            thread::sleep(Duration::from_millis(1));
        }
    });
    for i in 1..5 {
        println!("Main thread print {}", i);
        thread::sleep(Duration::from_millis(2));
    }
}
```

程序输出为：

```
Main thread print 1
Sub thread print 1
Main thread print 2
Sub thread print 2
Main thread print 3
Sub thread print 3
Sub thread print 4
Main thread print 4
```

这段程序通过延时函数“std::thread::sleep”使主线程晚于子线程结束，程序的输出顺序得不到保障，所以有可能无序地输出。

23.3 线程通信

23.2 节中的程序示例是通过延时的办法防止主线程提前于子线程结束的，但正常情况下这种办法是不可行的，因为程序如果没有需要不能刻意地减慢执行速度。因此，子线程需要以一种联系其父线程的方式，在完成任务的时候通知父线程结束。线程通信是实现这一点的重要方法。

```
use std::thread;
use std::sync::mpsc;

fn main() {
    let (sender, receiver) = mpsc::channel();

    thread::spawn(move || {
        println!("这里是子线程");
        sender.send("子线程结束了").unwrap();
    });

    let received = receiver.recv().unwrap();
    println!("从子线程获取消息: {}", received);
}
```

程序输出为：

```
这里是子线程
从子线程获取消息：子线程结束了
```

“std::sync::mpsc::channel”方法可以建立一个消息通道，其返回值是一个二元元组，包含两个对象——发送者 sender 和接收者 receiver。发送者主动发送数据给接收者，接收者等待发送者给自己发送消息。

发送者使用 send 方法发送数据，这是个泛型方法，所以发送数据的类型可以任意。接收者接收数据使用 recv 方法，这个方法会让当前线程进入等待，直到下一条消息到来为止。如果接收者还没进入等待状态，发送者就发送了消息，接收者在调用 recv 方法时会立刻收到消息。

线程通信可以用于主线程对子线程的等待：

```
use std::thread;
use std::sync::mpsc;

fn main() {
    let (s1, r1) = mpsc::channel();
    let (s2, r2) = mpsc::channel();

    thread::spawn(move || {
        for i in 1..5 {
            println!("Thread 1 print {}", i);
        }
        s1.send(0).unwrap();
    });
```

```
    thread::spawn(move || {
        for i in 1..5 {
            println!("Thread 2 print {}", i);
        }
        s2.send(0).unwrap();
    });

    r1.recv().unwrap();
    r2.recv().unwrap();
}
```

程序输出为：

```
Thread 1 print 1
Thread 2 print 1
Thread 1 print 2
Thread 2 print 2
Thread 2 print 3
Thread 2 print 4
Thread 1 print 3
Thread 1 print 4
```

这段程序中因为两个子线程同时执行的缘故，所以输出结果的顺序不可预料。

这种用法可以实现线程的先分散后集中，如图 23-1 所示。

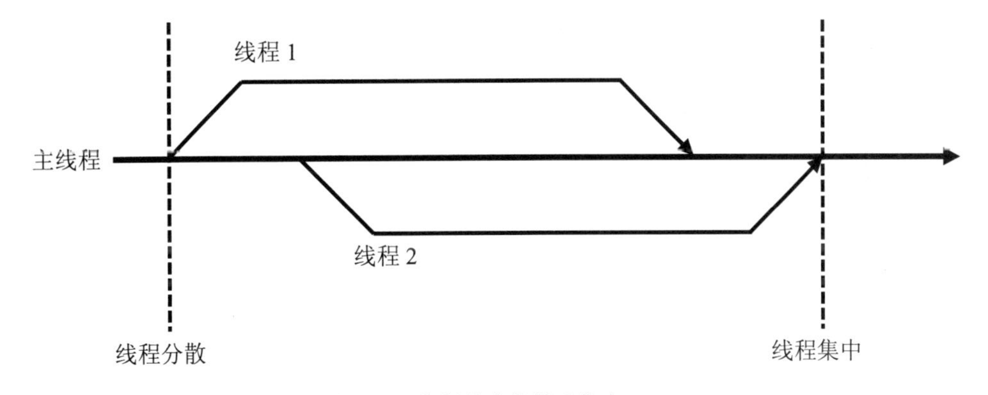

图 23-1　线程的先分散后集中

23.4 Arc 线程安全引用计数

在第 21 章（高级引用）中介绍过 Rc 引用计数类型，这种类型允许位于堆中的数据拥有多个所有者。但是这种引用类型不是线程安全的，仅适用于单线程的情况。

Rc 有一个适用于多线程的兄弟——Arc，Arc 是多线程安全的 Rc。

错误

```
use std::thread;

fn main() {
    let array = vec![1, 2, 3, 4, 5];

    thread::spawn(move || {
        println!("Thread 1: array is {:?}", array);
    }).join().unwrap();
    thread::spawn(move || {
        println!("Thread 2: array is {:?}", array);
    }).join().unwrap();
}
```

这段程序的错误之处在于尝试将一个向量转移到两个线程中去，这种操作即使在线程内也是不被允许的。正确的做法是使用 Arc 包装该向量：

```
use std::thread;
use std::sync::Arc;

fn main() {
    let array = Arc::new(vec![1, 2, 3, 4, 5]);

    let copy_1 = array.clone();
    thread::spawn(move || {
        println!("Thread 1: array is {:?}", copy_1);
    }).join().unwrap();

    let copy_2 = array.clone();
    thread::spawn(move || {
        println!("Thread 2: array is {:?}", copy_2);
    }).join().unwrap();
}
```

程序输出为：

```
Thread 1: array is [1, 2, 3, 4, 5]
Thread 2: array is [1, 2, 3, 4, 5]
```

但是 Arc 和 Rc 一样，其引用的结果是不可变的。如果希望子线程能够更改某个变量的值，必须将 Mutex 互斥锁和 Arc 引用计数配合使用：

```
use std::thread;
use std::sync::{Arc, Mutex, mpsc};
```

```
fn main() {
    let (s1, r1) = mpsc::channel();
    let (s2, r2) = mpsc::channel();
    let sum = Arc::new(Mutex::new(0_u32));

    let copy_1 = sum.clone();
    thread::spawn(move || {
        let mut sum_value = copy_1.lock().unwrap();
        for i in 1..11 { *sum_value += i; }
        s1.send(0).unwrap();
    });

    let copy_2 = sum.clone();
    thread::spawn(move || {
        let mut sum_value = copy_2.lock().unwrap();
        for i in 11..21 { *sum_value += i; }
        s2.send(0).unwrap();
    });

    r1.recv().unwrap(); r2.recv().unwrap();
    let locked_sum = sum.lock().unwrap();
    println!("sum is {}", locked_sum);
}
```

程序输出为：

```
sum is 210
```

这个程序中用两个子线程计算了1～20的累加，第一个线程计算1～10的累加，第二个线程计算11～20的累加。两个子线程共用一个储存和的变量sum。当两个子线程都执行完毕以后，会通过消息通道向主线程发送一个信号，主线程在收到信号之后将结果输出。

23.5　应对互斥锁死锁

互斥锁死锁的问题不是一个可以在编译时预测的问题，所以即使对于Rust这种编译限制极其严格的语言来说也有可能发生。

```
use std::thread;
use std::sync::{Arc, Mutex, mpsc};

fn main() {
    let (s1, r1) = mpsc::channel();
    let (s2, r2) = mpsc::channel();
```

```
    let (s3, r3) = mpsc::channel();

    let data_1 = Arc::new(Mutex::new(0_u32));
    let data_2 = Arc::new(Mutex::new(0_u32));

    let copy_1_data_1 = data_1.clone();
    let copy_1_data_2 = data_2.clone();
    thread::spawn(move || {
        let mut data_1 =
            copy_1_data_1.lock().unwrap();    // 线程 1 占用 data_1
        s1.send(0).unwrap();                  // 告诉线程 2 已占用 data_1
        r2.recv().unwrap();                   // 等待线程 2 占用 data_2
        let data_2 =
            copy_1_data_2.lock().unwrap();    // 线程 1 尝试占用 data_2

        *data_1 += *data_2;
        s3.send(0).unwrap();                  // 通知主线程没有死锁
    });

    let copy_2_data_1 = data_1.clone();
    let copy_2_data_2 = data_2.clone();
    thread::spawn(move || {
        let mut data_2 =
            copy_2_data_2.lock().unwrap();    // 线程 2 占用 data_2
        s2.send(0).unwrap();                  // 告诉线程 1 已占用 data_2
        r1.recv().unwrap();                   // 等待线程 1 占用 data_1
        let data_1 =
            copy_2_data_1.lock().unwrap();    // 线程 2 尝试占用 data_1
        *data_2 += *data_1;
    });

    r3.recv().unwrap();                       // 接收来自线程 1 没有死锁的报告
    println!("没有死锁！");
}
```

这是一段“处心积虑”想让程序发生死锁的程序，其运行结果也确实如此，程序既不会有任何输出，也不会继续进行。

这个程序中有两个数据对象“data_1”和“data_2”，这两个变量都被一个互斥锁保护。线程 1 和线程 2 先分别占用这两个对象，然后通过消息通道通知对方，在接到通知后，两者再分别尝试占用对方已经占用的数据对象，从而形成死锁。

当然，在真正的软件中是不会这样设计程序的，线程 1 和线程 2 不论是运行时间还是获取数据所有权的时间都是随机的，不一定会发生死锁。但是这个程序揭示了因互斥锁导致死锁的可能性，对于高并发的程序来说，并发数量越多，发生死锁的可能性就越高。所以为了防止出现死锁，如果一个线程要使用多个被互斥锁保护的数据对象，应当将这些数据使用一个互斥锁保护或使用“标志互斥锁”来保障程序执行安全。

23.5.1　用一个互斥锁保护

```
use std::thread;
use std::sync::{Arc, Mutex, mpsc};

fn main() {
    let (s1, r1) = mpsc::channel();
    let (s2, r2) = mpsc::channel();

    let data = Arc::new(Mutex::new((1_u32, 2_u32)));

    let copy_1 = data.clone();
    thread::spawn(move || {
        let mut data = copy_1.lock().unwrap();
        (*data).0 += (*data).1;
        s1.send(0).unwrap();
    });

    let copy_2 = data.clone();
    thread::spawn(move || {
        let mut data = copy_2.lock().unwrap();
        (*data).1 += (*data).0;
        s2.send(0).unwrap();
    });

    r1.recv().unwrap(); r2.recv().unwrap();
    let locked_data = data.lock().unwrap();
    println!("data = {:?}", locked_data);
}
```

程序输出为：

```
data = (3, 5)
```

这段程序把两个数据对象放在一个元组中用一个互斥锁保护，可以保证这两个数据对象同时被上锁、同时被解锁，不会出现死锁的现象。

注意：结果如果出现“data = (4, 3)”也是正常的，有可能因为某些原因线程2先于线程1进行。

23.5.2 使用“标志互斥锁”

程序如下：

```
use std::thread;
use std::sync::{Arc, Mutex, mpsc};

fn main() {
    let (s1, r1) = mpsc::channel();
    let (s2, r2) = mpsc::channel();

    // 标志互斥锁
    let flag_mutex = Arc::new(Mutex::new(0));

    let data_1 = Arc::new(Mutex::new(1_u32));
    let data_2 = Arc::new(Mutex::new(2_u32));

    let flag = flag_mutex.clone();
    let copy_1_data_1 = data_1.clone();
    let copy_1_data_2 = data_2.clone();
    thread::spawn(move || {
        let flag = flag.lock().unwrap();                  // 对标志上锁
        let mut data_1 = copy_1_data_1.lock().unwrap();
        let data_2 = copy_1_data_2.lock().unwrap();
        *data_1 += *data_2;
        s1.send(*flag).unwrap();
    });

    let flag = flag_mutex.clone();
    let copy_2_data_1 = data_1.clone();
    let copy_2_data_2 = data_2.clone();
    thread::spawn(move || {
        let flag = flag.lock().unwrap();                  // 对标志上锁
        let mut data_2 = copy_2_data_2.lock().unwrap();
        let data_1 = copy_2_data_1.lock().unwrap();
        *data_2 += *data_1;
        s2.send(*flag).unwrap();
    });

    r1.recv().unwrap(); r2.recv().unwrap();
    let locked_data_1 = data_1.lock().unwrap();
    let locked_data_2 = data_2.lock().unwrap();
```

```
    println!("data_1 = {}, data_2 = {}", locked_data_1, locked_data_2);
}
```

程序输出为：

```
data_1 = 3, data_2 = 5
```

注意： 结果如果出现“data_1 = 4, data_2 = 3”也是正常的，有可能因为某些原因线程 2 先于线程 1 进行。

“标志互斥锁”是一个内容无关紧要的互斥锁，该互斥锁的作用是在有可能发生死锁的线程中，在对多个数据对象上锁之前要先对这个数据对象上锁，从而实现这些数据“共同被上锁”的效果。这种方式与将多个数据对象用一个互斥锁保护相比效率要低一些，而且更依赖开发者的良好开发习惯（如果忘了对“标志互斥锁”上锁还是有可能发生死锁），但这种方式使数据的使用更加灵活，不会致使这些数据被分开使用。

第 24 章

属　　性

许多编程语言中都有“注解类”，这种类型与普通类型的区别在于它们不仅用于定义数据的格式，还用于对其他语言元素进行解释说明。这些解释说明有的可以影响编译器的行为，有的可以影响运行时程序的行为。

Rust 中有相似功能的概念被称为属性（Attributes）。属性是模块、箱或其他语言元素的元数据，这类元数据可以用作对其附加的对象进行附加说明。

24.1　属性的使用

声明元素属性的位置在 Rust 语言元素（例如函数或结构体等）之前，其形式是井号“#”和一对中括号“[]”包围的整体：

```
#[attribute = "value"]
#[attribute(key = "value")]
#[attribute(value)]
```

这三种形式是属性主要的传递参数的方式，这种声明将在当前的模块或语言元素内有效。如果要声明仅在当前箱内可用的属性时，应该使用“#![crate_attribute]”语法。

属性也可以有多个值：

```
#[attribute(value, value2)]
#[attribute(value, value2, value3, value4, value5)]
#[attribute(value, value2,
          value3, value4, value5)]
```

属性的主要应用场景如下。

（1）有条件地编译代码。可以为代码的编译设置条件，例如根据操作系统的不同，选择不同的编译代码。

（2）设置箱的名称、版本或类型（二进制可执行程序或库）。

（3）禁用代码检查。

（4）启用编译器功能，例如启用宏或通过 glob。

（5）从外部链接库链接。
（6）使函数作为测试单元或评测部分使用。

24.2　条件编译属性

24.2.1　cfg 属性

cfg 条件编译属性可以向编译器表达编译条件，编译器会根据条件判断是否编译被属性标注的语言元素。

```
#[cfg(target_os = "windows")]
const OS: &str = "Windows";

#[cfg(target_os = "linux")]
const OS: &str = "Linux";

#[cfg(target_os = "android")]
const OS: &str = "Android";

#[cfg(target_os = "freebsd")]
const OS: &str = "FreeBSD";

fn main() {
    println!("Your system is {}", OS);
}
```

程序输出为：

```
Your system is Linux
```

条件编译属性 cfg 可以根据常用条件来判断语言元素是否应当被编译。这个程序中使用了“target_os”键来判断当前编译所处的系统环境，并根据系统环境决定相对应的常量是否应当被编译。由于这个程序在 GNU/Linux 环境被编译，所以在四句 OS 常量的定义语句中只有第二句被真正编译了，其他三句都被编译器忽略了。

“target_os”是 Rust 编译器内置的属性配置项之一，常用的内置配置项还有如下几种。

- “target_arch”编译目标的 CPU 架构，如 x86_64、aarch64 等。
- “target_feature”编译目标的 CPU 指令集支持的特性，如 sse、avx 等。
- “target_family”编译目标运行系统的族类，如 unix、windows 或 wasm。
- “target_env”编译基础库，如 gnu 或 msvc。
- “target_endian”编译目标运行环境 CPU 所使用的字节序，如 little 或 big。
- “target_pointer_width”编译目标运行环境的指针长度（bit），如 16、32 或 64。

除了这些内置的编译属性之外，cfg 还可以处理自定义属性，这些属性可以在编译时通过“--cfg”命令行参数来设置条件的值，如：

```
rustc --cfg 'mean="OK"' main.rs
```

这样就可以在 main.rs 源文件中通过这种方式来判断条件了：

```
#[cfg(mean = "OK")]
```

注意：以上编译命令是在 GNU/Linux 系统的 bash 环境下使用的，Windows 上的 CMD 命令行需要考虑引号兼容性的问题。

cfg 条件属性支持多次判断，例如要求编译条件是目标程序运行在小端字节序的 aarch64 架构 CPU 上，可以这样描述：

```
#[cfg(all(target_arch = "aarch64", target_endian = "little"))]
```

all 相当于“和”逻辑运算，只有所有的条件满足才会编译。

如果需要用“或”运算，例如要求编译条件是运行在 x86_64 架构的 CPU 上或 CPU 使用的是小端字节序，可以用 any 描述：

```
#[cfg(any(target_arch = "x86_64", target_endian = "little"))]
```

“非”运算可以用 not 实现：

```
#[cfg(not(target_os = "macos"))]
```

cfg 属性可以在任何允许属性的地方使用。

24.2.2 test 条件编译

test 属性的使用方法是最简单的，它可以标注一些仅用于测试并在正式构建中不编译的语法对象：

```
#[test]
fn print_test() {
    println!("这是测试版");
}

fn main() {
    print_test();
}
```

如果将这段程序保存为“main.rs”，当使用“rustc --test main.rs”编译它时，生成的程序在运行后就会输出：

```
这是测试版
```

否则编译应该会出错。因为 test 属性限制了“print_test”编译的条件，所以正式构建时不存在这个函数。

24.2.3 “cfg_attr”属性

“cfg_attr”属性用于有条件地添加其他属性。其使用格式如下：

```
#[cfg_attr(<条件属性>, <属性 1>, ...)]
```

当第一个“条件属性”成立时，后方的属性将会发挥作用。例如：

```
#[cfg_attr(target_os = "linux", cfg(target_arch = "aarch64"))]
const ENV: &str = "Linux aarch64";
```

这个语句中的属性表示：如果编译目标环境是 Linux 系统，以上语句等同于：

```
#[cfg(target_arch = "aarch64")]
const ENV: &str = "Linux aarch64";
```

否则，相当于这个属性不存在：

```
const ENV: &str = "Linux aarch64";
```

24.3 derive 派生属性

派生属性可以自动为类型生成实现方法：

```
#[derive(Clone)]
struct Complex {
    a: f64,
    i: f64
}

fn main() {
    let complex = Complex {
        a: 3.0,
        i: 4.0
    };
    let copy = complex.clone();
    println!("{}+{}i", copy.a, copy.i);
}
```

程序输出为：

```
3+4i
```

Complex 是一个自定义的数据类型，本来是不支持被克隆的。但这里使用了 derive 派生属性使其具备了被克隆的能力。derive 派生属性的作用是对数据类型自动地实现特性。

例如，以上程序中结构体的定义等效于：

```
struct Complex {
    a: f64,
    i: f64
}

impl Clone for Complex {
    fn clone(&self) -> Self {
        Self {
            a: self.a,
            i: self.i
        }
    }
}
```

派生属性是一种极其常用的属性，该属性在第 12 章（复合类型）中就已经开始使用了，当一个结构体通过派生属性实现 Debug 特性之后就可以输出格式化的调试信息：

```
#[derive(Debug)]
struct People {
    name: String,
    mobi: String,
    email: String
}

fn main() {
    let me = People {
        name: String::from("Ulyan Sobin"),
        mobi: String::from("+86 130 0000 0000"),
        email: String::from("ulyansobin@yeah.net")
    };
    println!("{:#?}", me);
}
```

程序输出为：

```
People {
```

```
    name: "Ulyan Sobin",
    mobi: "+86 130 0000 0000",
    email: "ulyansobin@yeah.net",
}
```

不是所有的特性都支持用派生属性实现，如果想让自定义的特性能够通过派生属性自动实现方法，必须通过“proc_macro_derive”过程宏来实现。有关过程宏的知识请参见第 25 章（宏）。

24.4　诊断属性

诊断（Diagnostics）属性用于在编译器检查代码安全性时提供参考。

24.4.1　lint 检查属性

lint 检查是 Rust 编译器在编译过程中对不规范、存在风险或错误的代码进行检查的机制。按照安全等级，lint 检查级别分为如下几级。

- allow：完全接受代码的行为。
- warn：代码行为存在风险，发出警告。
- deny：代码的行为不被允许，编译时报错，不会产生编译结果。
- forbid：代码的行为不被允许，效果与 deny 相同，并不再允许更改 lint 等级。

```
#[warn(missing_docs)]
pub fn hello() {
    println!("Hello, Rust!");
}

fn main() {
    hello();
}
```

这段代码可以正常通过编译。lint 检查项是编译器内置的，这里的“missing_docs”代表检查对应元素是否缺少说明文档。

```
#[warn(missing_docs)]
pub fn hello() {
    println!("Hello, Rust!");
}
```

如果将安全级别调整为警告，编译器会对检查结果不满足条件的代码行为输出警告信息：

```
#[warn(missing_docs)]
pub fn hello() {
```

```
    println!("Hello, Rust!");
}
```

警告信息为：

```
warning: missing documentation for a function
 --> src\main.rs:3:1
  |
3 | pub fn hello() {
  | ^^^^^^^^^^^^^^
  |
note: the lint level is defined here
 --> src\main.rs:2:8
  |
2 | #[warn(missing_docs)]
  |        ^^^^^^^^^^^^
```

如果使用 deny，编译器不仅会输出错误信息，还会中止编译：

```
error: missing documentation for a function
 --> src\main.rs:3:1
  |
3 | pub fn hello() {
  | ^^^^^^^^^^^^^^
  |
note: the lint level is defined here
 --> src\main.rs:2:8
  |
2 | #[deny(missing_docs)]
  |        ^^^^^^^^^^^^
```

forbid 和 deny 的效果相同，但是 forbid 不允许再次对相同的行为设定安全级别，例如：

```
#[deny(missing_docs)]
#[allow(missing_docs)]
pub fn hello() {
    println!("Hello, Rust!");
}
```

这是能通过编译的，因为 allow 覆盖了 deny 安全级别，但如果换作 forbid：

错误

```
#[forbid(missing_docs)]
#[allow(missing_docs)]
pub fn hello() {
    println!("Hello, Rust!");
}
```

这是通不过编译的，因为 forbid 禁止覆盖安全级别。

除了“missing_docs”以外还有很多其他的 lint 安全级别，这些级别的列表可以在 http://t.cn/A6IO68YQ 找到，或者通过在命令行输入“rustc -W help”找到。

24.4.2 deprecated 属性

deprecated 属性用于标识那些已经过时的、不再推荐使用并出于兼容性考虑暂时没有删除的元素。

```
#[deprecated(since = "5.2", note = "This function is deprecated")]
pub fn hello() {
    println!("This function is deprecated");
}

fn main() {
    hello();
}
```

虽然这段程序能供通过编译，但是在编译时会提示警告：

```
warning: use of deprecated function 'hello': This function is deprecated
```

如果使用 IDE 开发 Rust 程序，在使用被 deprecated 属性标识的元素时该元素会被删除线标注。

24.4.3 must_use 属性

must_use 属性用于标识某个语言元素必须被使用。如果使用此属性标注了某个元素但这个元素没有被使用，虽然编译仍然通过，但会发出警告信息。

```
#[must_use]
fn get_number() -> i32 { 10000 }

fn main() {
    get_number();
}
```

这段程序将会发出警告：

```
warning: unused return value of 'get_number' that must be used
```

原因是函数“get_number”的返回值应该被使用，而不是在程序结束之后因不被任何变量保留或一次性使用而抛弃。

除函数以外，“must_use”属性还对数据类型有效。例如，结构体 A 如果被“must_use”

属性所声明，任何结构体 A 的实例都应该被使用，否则就会被警告：

```
#[must_use]
struct A {
    a: i32
}

fn main() {
    A { a: 10000 };
}
```

这段程序编译时会发出警告：

```
warning: unused 'A' that must be used
```

24.5 模块路径属性

在导入其他源文件作为模块的过程中，模块的名称往往是文件的名称或文件所在子目录的名称。通过模块路径 path 属性可以声明模块的路径，实现“根据文件路径导入文件”。

```
greeting/
    ├──── Cargo.toml
    └──── src/
              ├──── main.rs
              └──── sub_mod/
                        ├──── mod.rs
                        └──── inner_mod.rs
```

现有这样一个工程目录：在源文件根目录 src 下除“main.rs”文件以外还有“sub_mod”子目录，该子目录中包含模块索引文件“mod.rs”和“inner_mod.rs”源文件（一个内部模块）。

现在在“inner_mod.rs”源文件中编写一个 Hello World 函数：

```
pub fn greeting() {
    println!("Hello, World!");
}
```

如果要在“main.rs”中调用该函数，可以直接这样写：

```
#[path = "sub_mod/inner_mod.rs"]
mod inner_mod;

fn main() {
    inner_mod::greeting();
}
```

程序输出为：

```
Hello, World!
```

这种导入其他文件作为模块的方式更加直接，可以直接指定相对路径作为模块的来源。相比之下，传统的导入方式更麻烦一些。

首先要在“mod.rs”文件中导入“inner_mod.rs”：

```
pub mod inner_mod;
```

然后在“main.rs”中导入“sub_mod”（“sub_mod”目录整体作为一个模块）：

```
mod sub_mod;
use sub_mod::inner_mod::greeting;

fn main() {
    greeting();
}
```

这两种做法等效。

注意：尽管模块路径属性比起直接通过模块系统导入模块要方便一些，但也不推荐在正式工程中使用这种方式。因为它会破坏模块之间的组织结构，造成“越级使用”的情况，给后续开发造成麻烦。

24.6 其他属性

Rust标准库中的属性非常丰富，它们有各种各样的功能。受限于篇幅和可读性原因，本书难以全部涵盖它们，有关于这些属性的详细信息和使用方法可以参见http://t.cn/A6lTSlrX。

第 25 章

宏

宏（Macro）在计算机科学中是指用于生成文本的可编写预定义规则。

宏是文本处理工具中根据由一些特定语法编写的预定义规则生成文本的方式，这种方式有时被称为“元编程”。在编程语言中，编译器常常会保留一些语法规则用于在源代码中生成一段源代码，这会使很多烦琐的编程过程（如不可避免地大量复制代码）变得更简单、更优雅。

25.1 宏的使用

其他章节往往先描述定义方法，然后讲述使用方法。但对宏的讲述要先从宏的使用开始，因为它的使用方式最能体现它的优势和作用。

```
fn main() {
    let vector = vec![1, 2, 3, 4, 5];
    println!("vector is {:?}", vector);
}
```

程序输出为：

```
vector is [1, 2, 3, 4, 5]
```

这段程序中用到了两个宏：“vec!”和“println!”，这两个宏分别用于生成一个向量和打印出一个向量。如果不使用这两个宏，程序必须这样写：

```
use std::io::Write;

fn main() {
    let mut vector = Vec::new();
    vec.push(1);
    vec.push(2);
    vec.push(3);
    vec.push(4);
```

```
    vec.push(5);

    std::io::stdout().write(
        format!("vector is {:?}\n", vector)
            .as_bytes()).unwrap();
}
```

这是等效的写法，但会复杂很多。

宏不是函数，它是根据一定规则生成代码的编程方式，在编译阶段宏就会变成真正的代码。宏的存在可以在不降低运行效率的情况下提高代码的可读性和开发的便捷性，但是宏会略微降低编译速度。

25.2 宏的定义

宏的定义有两个问题：一个是如何接收调用宏的语句，另一个是如何编写预定义规则以生成代码。

如果要实现一个做加法运算的宏 add! ，它的宏定义如下：

```
macro_rules! add {
    ($a: expr, $b: expr) => { ($a + $b) };
}
```

“macro_rules!”用于建立一条宏预定义规则，定义语法如下：

```
macro_rules! <宏名称> {
    ($宏参数名: 宏参数类型, ...) => {
        <预定义语句>
    };
}
```

宏的参数都是以“$”符号开头的，这一点就像 bash 中的环境变量一样。预定义语句就是要替换的内容，内容中的“$”开头的部分代表宏参数替换的内容。其中，宏参数是有类型的，但这个类型不是 Rust 语言中的类型，而是如表 25-1 所示的类型之一。

表 25-1 Rust 宏参数类型

类型名称	含　义
expr	表达式，如 123，3.1415926，“1 + 2”，“a * b”等
item	函数、结构体、模块等
block	由“{}”包围的语句块
stmt	语句（statement）
pat	模式（pattern）

续表

类型名称	含　义
ty	类型（type），如 String 或 Vec
ident	标识符（indentfier），如已定义的变量名称
path	包路径（path），如“std::io::Write”“crate::some_thing”等
meta	元数据项，位于“#[...]”或“#![...]”括号中的部分
tt	语法树

除了像“add!($a, $b)”这样参数固定的宏以外，像“vec!”这样的宏参数数量是可变的，这类宏的定义要用到复杂宏参数定义：

```
macro_rules! sum {
    ( $($x: expr), * ) => {
        {
            let mut sum = 0;
            $( sum += $x; )*
            sum
        }
    };
}

fn main() {
    println!("{}", sum![1, 2, 3, 4, 5]);
}
```

程序输出为：

```
15
```

宏“sum!”用于对多个整数求和。这里调用宏的时候使用的是“[]”括号，实际上传递宏参数既可以用“[]”，也可以用“()”或“{}”。例如，这样调用宏也是可以的：

```
sum!(1, 2, 3, 4, 5)
sum!{1, 2, 3, 4, 5}
```

“sum!”宏实际上生成了以下代码：

```
{
    let mut sum = 0;
    sum += 1;
    sum += 2;
    sum += 3;
    sum += 4;
    sum += 5;
```

```
    sum
}
```

Rust 中函数是不支持重载的，但一个宏可以有多种参数形式：

```
macro_rules! add {
    ($a: expr, $b: expr) => { ($a + $b) };

    ($a: ident, $b: ident, $c: ident) => {
        $a = $b + $c
    };
}

fn main() {
    let (mut a, b, c) = (1, 2, 3);
    let sum = add!(a, b);
    println!("add!(a, b) = {}", sum);
    add!(a, b, c);
    println!("(a, b, c) = ({}, {}, {})", a, b, c);
}
```

程序输出为：

```
add!(a, b) = 3
(a, b, c) = (5, 2, 3)
```

25.3 过程宏

过程宏（Procedural Macro）是一种看上去像过程的宏。

过程宏允许开发者给编译器编程，通过分析一些编程语言词语来生成另一些编程语言词语来实现宏的作用——生成代码。

25.3.1 类函数过程宏

类函数过程宏（Function-like Procedural Macro）的含义是像函数一样的宏。这种宏是以函数的外形存在的，但它们是真正的宏。

```
extern crate proc_macro;
use proc_macro::TokenStream;

#[proc_macro]
pub fn make_constant(_: TokenStream) -> TokenStream {
    "const NUMBER: i32 = 10000;".parse().unwrap()
}
```

“make_constant”是一个宏而不是一个函数，这个看似函数的宏实际上是一个“处理语法的函数”。这个“函数”的参数是调用宏时传入的词，输出则是经过处理的词。这个简单的宏没有处理传入的词，只是生成了一个 NUMBER 常量的定义并传递了出去。

注意：“#[proc_macro]”属性只能在“proc-macro”类型的箱中使用，要想让箱成为一个“proc-macro”类型的箱，需要在箱的“Cargo.toml”文件中声明:

```
[lib]
proc-macro = true
```

声明“proc-macro”类型的箱的前提条件是箱的类型必须是库而不是二进制可执行文件，所以一般在独立的箱中编写过程宏。

```
greeting/
  ├── Cargo.toml
  └── src/
        └── main.rs

macros/
  ├── Cargo.toml
  └── src/
        └── lib.rs
```

这是两个存储于同一个目录下的不同 Rust 工程，其中 macros 用于编写过程宏。

现在编写 macros 箱的“lib.rs”文件：

```
extern crate proc_macro;
use proc_macro::TokenStream;

#[proc_macro]
pub fn make_constant(_: TokenStream) -> TokenStream {
    "const NUMBER: i32 = 10000;".parse().unwrap()
}
```

macros 箱的“Cargo.toml”文件如下：

```
[package]
name = "macros"
version = "0.1.0"
edition = "2018"

[lib]
proc-macro = true
```

在 greeting 箱中引入 macros 箱：

```
[package]
name = "greeting"
version = "0.1.0"
authors = ["Ulyan Sobin <ulyansobin@yeah.net>"]
edition = "2018"

[dependencies]
macros = { path = "../macros" }
```

然后就可以在“main.rs”中导入和使用编写的过程宏了：

```
extern crate macros;
use macros::make_constant;

make_constant!(); // 调用过程宏，等效于 const NUMBER: i32 = 10000;

fn main() {
  println!("{}", NUMBER);
}
```

程序输出为：

```
10000
```

这里的“make_constant!()”将会生成这样的代码来替换自身：

```
const NUMBER: i32 = 10000;
```

过程宏可以接纳词语流，现在编写一个可以定义常量的名称、类型和值的过程宏：

```
#[proc_macro]
pub fn make_constant(tokens: TokenStream) -> TokenStream {
    let mut iter = tokens.into_iter();
    let name = iter.next().unwrap();
    let data_type = iter.next().unwrap();
    let value = iter.next().unwrap();
    let result =
        format!("const {}: {} = {};", name, data_type, value)
            .parse::<TokenStream>().unwrap();
    result
}
```

TokenStream 是词流，可以用它来接收若干语法词。“into_iter”是获取 TokenStream 对象迭代器的方式，获取迭代器之后允许开发者按顺序获取词。这段程序先从词流中获取三个词 name、“data_type”和 value，分别表示常量的名称、类型和值。现在在“main.rs”中调用：

```
extern crate macros;
use macros::make_constant;

make_constant!(NUMBER i32 10001);

fn main() {
    println!("{}", NUMBER);
}
```

程序输出为：

```
10001
```

这里的“make_constant!(NUMBER i32 10001)”将会生成这样的代码来替换自身：

```
const NUMBER: i32 = 10001;
```

25.3.2 派生过程宏

派生过程宏（Derive Procedural Macro）用于为自定义类型快速地生成实现特性方法的代码，在第24章（属性）中提到的Derive属性与之配套。派生过程宏就是用来描述怎样为自定义类型生成实现特性代码的宏。

例如，现在编写一个把类型的定义语句直接输出的派生过程宏：

```
extern crate proc_macro;
use proc_macro::TokenStream;

#[proc_macro_derive(PrintDefinition)]
pub fn derive_print_definition_fn(tokens: TokenStream) -> TokenStream {
    let mut s = "fn print_definition() -> String { \"".to_string();
    s.push_str(tokens.to_string().as_str());
    s.push_str("\".to_string() }");
    s.parse().unwrap()
}
```

这个宏为 PrintDefinition 特性生成实现方法“print_definition”，这个方法用于获取派生元素的定义语句。在过程宏中，宏读取了定义语句，并将其中的词拼接成一个字符串作为实现函数的返回值。

如果在“main.rs”中调用该派生宏：

```
#[derive(PrintDefinition)]
struct Person {
```

```
    name: String,
    age: u8
}
```

该派生属性将会调用编写的派生宏生成以下语句：

```
fn print_definition() -> String {
    "struct Person { name : String, age : u8 }".to_string()
}
```

这段语句位于 Person 结构体的定义之后，可以直接被调用。

```
extern crate macros;
use macros::PrintDefinition;

#[derive(PrintDefinition)]
struct Person {
    name: String,
    age: u8
}

fn main() {
    println!("{}", print_definition());
}
```

程序输出为：

```
struct Person { name : String, age : u8 }
```

这段程序等同于：

```
extern crate macros;
use macros::PrintDefinition;

struct Person {
    name: String,
    age: u8
}

fn print_definition() -> String {
    "struct Person { name : String, age : u8 }".to_string()
}

fn main() {
```

```
    println!("{}", print_definition());
}
```

注意：过程宏是在编译时执行的程序片段（由编译器执行而不是应用程序），所以如果使用“print!”或“println!”输出消息的话只会在编译时显示。

25.3.3 属性宏

属性宏（Attribute Macro）是用来加工定义语句的宏，它可以获取现存的定义语句并根据属性参数来加工定义语句。

派生过程宏的实质是在定义语句之后添加语句，属性宏的实质则是直接用一个语句替换现有的语句。

例如，定义一个“const_1”属性宏：

```
#[proc_macro_attribute]
pub fn const_1(_: TokenStream, _: TokenStream) -> TokenStream {
    "const NUMBER: i32 = 1;".parse().unwrap()
}
```

如果使用此宏标注一个函数定义语句：

```
#[const_1]
fn test() {}
```

那么这个语句完全等效于：

```
const NUMBER: i32 = 1;
```

属性宏是定义属性的方法，是过程宏的一种。

属性宏的定义函数格式为：

```
#[proc_macro_attribute]
pub fn 属性宏名称(属性词流: TokenStream, 定义语句词流: TokenStream)-> TokenStream {
    ... 处理语句
}
```

使用属性的格式为：

```
#[属性名称(属性参数…)]
定义语句
```

例如，现在定义一个把属性参数和定义语句在编译时输出的属性宏：

```
#[proc_macro_attribute]
pub fn macro_attribute(attr: TokenStream, def: TokenStream) -> TokenStream {
    println!("属性: \"{}\"", attr.to_string());
```

```
    println!("定义: \"{}\"", def.to_string());
    def
}
```

如果将它附加到一个函数定义上去：

```
#[macro_attribute(ThisIsAnAttr ABC, DEF)]
fn test() {}
```

则在编译时编译器将会输出：

```
属性: "ThisIsAnAttr ABC, DEF"
定义: "fn test() { }"
```

第 26 章

“不安全”语法

Rust 语言在默认状态下是强制安全的，编译器在编译阶段几乎可以检测出一切有可能导致运行问题的常见错误。但是安全不是一个完美的属性，它使开发工作变得不那么“方便”，并且可能导致一些无法实现的操作（例如从其他程序输出的内存地址中取出数据）。

为了解决这些问题，Rust 保留了使用“不安全”语句的方法，这些语句的使用方法被称为“不安全”语法。

26.1 “不安全”域

“不安全”域是通过 unsafe 关键字来声明的：

```
unsafe {
    ...
}
```

在“不安全”域内能进行的“不安全”操作包括如下 5 种。

（1）使用原始指针（不被安全保护的指针）。

（2）使用“不安全”的函数或方法，它们会被 unsafe 关键字标注。

（3）直接访问静态变量。

（4）实现不安全的特性。

（5）访问共用体字段。

注意：本章内容中之所以总是用引号包含“不安全”三个字的其中一个目的在于强调所谓“不安全”的 Rust 代码实际上也是安全的，它们依然会被编译器安全检查，但是编译器会允许以上 5 种操作。

“不安全”语法的客观作用是让开发者在实现一些有风险的操作时告诉编译器“我知道这段代码有风险，我知道自己在做什么，安全性由我自己来保障”，在“不安全”域中出现的一切潜在风险都由开发者来承担。“不安全”域客观上着重标识了程序中的风险区，如果程序运行中遇到了不明错误，将优先从这些“不安全”区域查找。

26.2 原始指针

Rust 语言安全区域中使用的指针都是通过引用类型来实现的，它们的值不能为空(Null)，也不能从不确定的数据源产生（野指针）。引用类型的安全性由编译器来保障。

但这种安全性有时会影响开发的灵活性。例如，一个 Rust 程序用于和另一个 C 语言编写的程序配合，C 语言程序在内存中申请一块空间，放入一个数据，并将数据的内存地址存入文件。假设程序运行的操作系统没有欺骗应用程序（没有将地址设置为虚拟地址），Rust 程序需要从文件中读取到内存地址之后从中取出数据并显示出来。但在安全的 Rust 中由于引用类型的来源只能是现存的语言实体，并且被所有权和引用生命周期机制保护，从程序外获取指针的行为是不可实现的。这时原始指针（Raw pointer）就发挥了所用：

```
unsafe {
    // 假设 0xABCDEF 是从程序外部获取到的内存地址
    let ptr = 0xABCDEF as *const i32;
}
```

这个语句会将内存地址为 0xABCDEF 的指针赋值给变量 ptr。

Rust 中原始指针类型用“*”表示，原始指针分为可变原始指针和常量原始指针：

```
*const i32        // 常量原始指针
*mut i32          // 可变原始指针
```

原始指针的使用方式和引用一致。如果需要对原始指针指向的数据直接进行操作，需要使用解引用运算符“*”。但如果原始指针指向的位置不是真实的数据位置，在访问过程中会取到意外的数据。如果原始指针访问的位置被操作系统所禁止（例如 0），程序运行会立即出错。

```
fn main() {
    unsafe {
        let null = 0 as *const i32;
        println!("{}", *null);
    }
}
```

这段程序会在运行时出错：

```
error: process didn't exit successfully: `target\debug\test.exe` (exit code:
0xc0000005, STATUS_ACCESS_VIOLATION)
```

内存地址 0 几乎在所有的操作系统的应用程序中都表示空值 Null，无论尝试从该地址读取数据或向它写入数据都会发生致命错误导致程序停止运行。

现代操作系统的设计充分考虑到程序运行过程中相互干涉造成的影响，所以程序运行内存区被严格地隔离开，一个应用程序即使能得到另一个应用程序申请的某个内存地址也不见得能将它的数据取出或使用。所以以上的案例仅用于提供思维参考。但是类似地，如果在一个进程内，Rust 需要调用 C 语言模块传递的信息时就会出现类似的情况。

除数字以外，引用类型也可以直接转换成原始指针：

```
fn main() {
    let mut number = 10000;
    unsafe {
        let ptr = &mut number as *mut i32;
        *ptr += 1;
    }
    println!("{}", number);
}
```

程序输出为：

```
10001
```

从引用类型转换到原始指针的过程中可变所有权的因素会被编译器考虑在内，只有可变的引用才能被转换成可变的原始指针。但是，如果先将引用转换成原始指针，再从原始指针转换成整数，再从整数转换成可变的原始指针就能绕过编译器的可变所有权检查从而修改一个不可变变量的值。这种做法很不道德，但是它证明了不可变变量也是变量，其值也可以被修改的事实。所以如果遇到了不可变变量的值被改变的情况，请检查是否将该变量借用给了包含“不安全”域的函数。

26.3 “不安全”的函数和方法

如果一个函数或方法整个都是“不安全”域，那么这个函数或方法被称为“不安全”函数（unsafe function）或“不安全”方法（unsafe method）。

“不安全”的函数和方法用 unsafe 关键字标识，例如：

```
unsafe fn swap(a: *mut i32, b: *mut i32) {
    let t = *a;
    *a = *b;
    *b = t;
}
```

注意：“不安全”函数只能在“不安全”域中被使用，如果直接使用会出错。

```
unsafe fn swap(a: *mut i32, b: *mut i32) {
    let t = *a;
```

```
        *a = *b;
        *b = t;
    }

    fn main() {
        let mut a = 1;
        let mut b = 2;
        unsafe {
            swap(&mut a as *mut i32, &mut b as *mut i32);
        }
        println!("{} {}", a, b);
    }
```

程序输出为：

```
2 1
```

“不安全”域会将不安全的代码隐藏在当前函数内，在函数外看来这个函数是完全安全的，这可能使一些潜在的问题无法被轻易发现。所以，除了 main 函数或库的入口函数以外，如果一个函数中包含“不安全”的语句，请使用 unsafe 关键字标识该函数而不是将它们隐藏起来，以便之后查找和维护。

26.4 访问静态变量

在 4.4 节（静态变量）中介绍过 Rust 中的静态变量，但是没有介绍其使用方法。由于静态变量的使用是个不安全的过程，所以对静态变量的直接使用都必须在“不安全”域中进行：

错误

```
static mut NUMBER: i32 = 10000;

fn main() {
    NUMBER += 1;
    println!("NUMBER = {}", NUMBER);
}
```

很明显，这段程序直接尝试访问静态变量和修改它的值，这个操作被编译器拒绝了。Rust 语言在设计的过程中将并发安全作为重点考虑因素，所以禁止直接使用静态变量，原因在于静态变量容易同时被多个线程访问和更改。

当然，静态变量的优点是不可替代的，尤其是在单线程程序中。如果必须使用静态变量则必须承担由此引发的并发风险：

```
static mut NUMBER: i32 = 10000;
```

```
fn main() {
    unsafe {
        NUMBER += 1;
        println!("NUMBER = {}", NUMBER);
    }
}
```

程序输出为：

```
10001
```

26.5 “不安全”特性

Rust 语言总是尽可能地使编译器在编译阶段能了解或判断出应该得知的一切，从而避免未知因素造成的错误。“不安全”的函数、方法和域中的不安全因素主要是内存安全因素，但对于特性来说，不安全的因素主要在于对方法参数的判断。

“不安全”特性至少有一个方法，使编译器不能确认其安全性，但在实现和使用的过程中开发者保证其安全。需要注意的是，“不安全”特性并不是指其包含的方法是“不安全”方法的特性。

“不安全”特性并不常用，因为很难找到一种必须设置成“不安全”特性才能实现的编程案例，因此了解其语法即可。

“不安全”特性的声明使用 unsafe trait 语句：

```
unsafe trait UnsafeTrait {
    // 这里是方法 ...
}
```

实现“不安全”特性必须使用 unsafe impl 语句：

```
unsafe impl UnsafeTrait for i32 {
    // 这里是实现的方法 ...
}
```

注意：“不安全”关键字 unsafe 常常会给人一种被它标注的语句块都是“不安全”域的感觉，但在“不安全”特性方面并不如此。即使在 impl unsafe 语句块中实现“不安全”方法或使用“不安全”域，依然要使用 unsafe 关键字。

现在编写一个“不安全”特性，要求实现它的类型必须支持安全地转换到另外一种数据类型：

```
// 安全转换特性，转换到数据类型 U
unsafe trait SafeTransmute<U> {}
```

```
// 为 32 位浮点数实现“安全转换”特性
unsafe impl SafeTransmute<u32> for f32 {}

// 一个转换函数，将 T 类型的数据 t 转换到数据类型 U
// 其中数据类型 T 必须实现“安全转换到 U”的特性
fn safe_transmute<T, U>(t: &T) -> &U where T: SafeTransmute<U> {
    unsafe {
        &*(t as *const T as *const U)
    }
}

fn main() {
    let float = 0.75_f32;
    let binary = safe_transmute(&float);
    println!("{}'s binary = {:032b}", float, binary);
}
```

程序输出为：

```
0.75's binary = 00111111010000000000000000000000
```

这个程序中有一个安全转换特性“SafeTransmute<U>”，可以将自身的数据在不做任何数据处理的情况下转换成数据类型 U（类似于 C 语言中的指针类型强制转换）。此程序将一个 32 位浮点数转换成了一个 32 位整数的形式，然后将它的二进制数字输出。这里输出的数字是 0.75 以 IEEE 754 标准表示的二进制浮点数。

26.6 共用体

共用体（Union）不是一个陌生的概念，它是多种数据类型共用相同内存空间的数据存在形式。

共用体的定义方式与结构体类似：

```
union Number {
    integer: u64,
    float: f64
}
```

共用体在实例化时只能对一个字段赋值：

```
let number = Number {
    float: 3.141592653589793
};
```

因为共用体与结构体的不同之处在于共用体的所有字段都是共用内存空间的，而结构体的每个字段都有自己的内存空间，如图 26-1 所示。

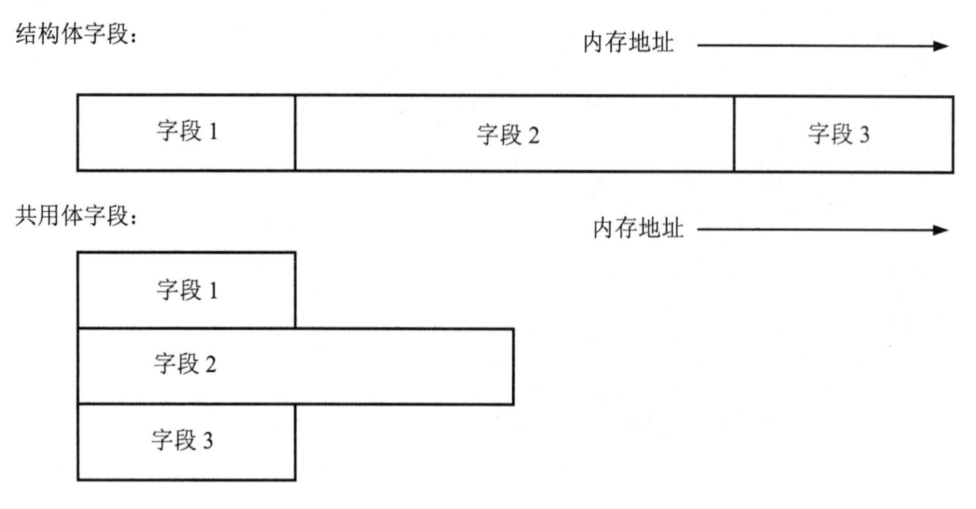

图 26-1　结构体与共用体

结构体中任意两个字段之间的数据都是分开的，互不影响。但是共用体中任何字段数据的改变都会在物理存储器中改变其他字段的数据，所以共用体字段的使用不是一个含义安全的过程，必须使用 unsafe 关键字：

```
unsafe {
    println!("{}", number.integer);
}
```

在实际开发过程中共用体用于多种数据类型的转换，它可以将数据以多种数据类型存放到同一块内存中，并在保持物理数据不变的情况下以多种数据类型取出。

```
union Number {
    integer: u64,
    float: f64
}

fn main() {
    let number = Number {
        float: 3.141592653589793
     };


    unsafe {
        println!("{:064b}", number.integer);
```

```
        }
    }
```

程序输出为：

```
01000000000001001001000011111101101010100010001000010110100011000
```

此程序中 Number 是一个共用体，包含 64 位整数字段 integer 和 64 位浮点数字段 float。先以 64 位浮点数的形式将圆周率存入共用体，再以 64 位整数形式将其物理信息取出并转换成二进制字符串输出，最后输出了一个以 IEEE 754 标准存储的 64 位浮点数二进制信息。

第 27 章

Web 服务器程序

Rust 语言可以更安全、更高效地做到 C++语言能做到的一切。

Web 服务器是最常见的高并发程序，它需要接收来自客户端的请求并提供服务，而且对于每一次请求都必须独立处理。其他条件相同时，服务器程序能在同一时刻服务客户端请求的最大数量是衡量一个服务器程序负载能力和稳定性的重要指标，全世界的研究者为了提高这个指标付出了巨大的努力。

迄今为止，效率最高的程序运行方式依然是 Native 程序，这些程序的代码不需要解释或转换，可以直接在 CPU 上执行。但由于 Native 程序主要用 C++语言开发，其开发难度较大，维护成本较高，而且较容易出错，所以它的使用规模不如 Java 语言。而 Rust 语言作为 Native 语言体系的一员，极大地改善了 C++语言在这方面的不足。因此用 Rust 语言开发的 Web 程序会兼具高效率和稳定性。

本章将介绍如何用 Rust 开发 Web 服务器程序。在阅读本章之前，要先了解计算机网络相关的知识，这样才能轻松理解后文的内容以及“这些程序在做什么”。如果遇到了看不懂的名词或术语，请先去学习计算机网络方面的基础知识。

对于应用软件开发者来说，在编程中考虑复杂的网络底层结构没有意义，所以本章的内容都是从应用层开始的。作为应用软件开发者，如果想要了解一种语言如何进行 Web 编程，必须了解“系统为我提供了什么网络 API”以及“它们怎么用”。

27.1 TCP 简介

TCP（Transmission Control Protocol）是一种应用最广泛的协议，大多数流行的网络协议（如 HTTP）都是建立在 TCP 基础之上的。

TCP 的使用方式很简单：建立连接、传输数据、断开连接。

首先，TCP 要求应用程序建立网络连接，连接发起者是客户端，连接的接收者是服务器端。客户端需要知道服务器端的 IP 地址和服务器程序的端口号才能发起连接。作为服务器程序来说，要一直处于运行状态，等待着客户端来连接自己。

在建立连接之后，客户端和服务器端都可以向对方发送数据或接收来自对方的数据。发送和接收数据都是通过流的形式实现的。

结束数据连接往往是由客户端主动执行的，但也可以由服务器端进行。无论任何一方率先断开连接，另一方都被迫断开连接。如果两方程序的进程发生意外退出，操作系统也会主动断开连接。

27.1.1　建立 TCP 连接

许多编程语言中往往通过套接字（Socket）类型来建立连接，这个概念十分流行，它是网络连接的象征。但是在 Rust 的标准库中没有这个类，在 Rust 中建立 TCP 连接的方式更直接：

```
TcpStream::connect("127.0.0.1:8080")
```

TcpStream 结构体中的 connect 方法可以直接建立一个 TCP 连接，其返回值是“Result<TcpStream>”类型，连接如果失败有可能出错。

TcpStream 结构体是 TCP 连接的代表，向这个类型的实例中读写数据就是在向所连接的服务器读写数据。例如：

```
use std::net::TcpStream;
use std::io::{Read, Write};

fn main() {
    // 建立连接，IP 地址 127.0.0.1，端口号 8080
    let mut connection = TcpStream::connect("127.0.0.1:8080").unwrap();
    // 发送数据到服务器端
    connection.write(b"Hello, there!").unwrap();

    let mut buffer = [0_u8];          // 创建 1 字节的缓冲区
    let mut binary = Vec::new();      // 创建数据存储向量
    // 从 TCP 连接读取数据直到数据结束
    while connection.read(&mut buffer).unwrap() > 0 {
        binary.push(buffer[0]);
    };
    println!("收到数据：{}", String::from_utf8(binary).unwrap());
}
```

如果熟悉 netcat 工具（这个工具在 Linux 或者 BSD 系统上很常见），可以使用它搭建一个临时的服务器测试这个程序。如果不了解这个工具，可以在学会搭建 TCP 服务器之后配合这段程序使用。

27.1.2　搭建 TCP 服务器

TCP 服务器程序的任务是等待客户端向自己发起连接，并在成功建立连接后与客户端交互数据。其中等待客户端连接的类型叫作“监听器”。

Rust 中的 TCP 监听器是 TcpListener。创建监听器的方法如下：

```
TcpListener::bind("127.0.0.1:8080")
```

此方法返回一个 TcpListener 对象，可以通过 accept 方法等待并接收来自客户端的连接。一旦调用 accept 方法，程序就会进入暂停状态，直到收到来自客户端的连接请求为止。accept 方法返回一个 Result 对象，解开之后是一个元组，其中的第一个元素是 TcpStream 连接对象，第二个是客户端的地址和端口号信息。

```
use std::net::TcpListener;
use std::io::Write;

fn main() {
    // 创建监听器，IP 地址 127.0.0.1，端口 8080
    let server = TcpListener::bind("127.0.0.1:8080").unwrap();

    // 等待并接收来自客户端的请求
    let (mut conn, addr) = server.accept().unwrap();
    println!("已连接：{}", addr);

    // 发送数据
    conn.write(b"This is server.").unwrap();
}
```

netcat 工具不仅可以当作服务器使用，还可以当作客户端使用，可以用它测试上面程序的可用性。

也可以在两个线程中分别放置服务器和客户端来测试下面的程序：

```
use std::net::{TcpListener, TcpStream};
use std::io::{Write, Read};
use std::thread;
use std::sync::mpsc;

fn get_string(stream: &mut TcpStream) -> String {
    let mut buffer = [0_u8];
    let mut binary = Vec::new();
    while stream.read(&mut buffer).unwrap() > 0 {
        if buffer[0] == 0 { break; }
        binary.push(buffer[0]);
    };
    String::from_utf8(binary).unwrap()
}
```

```
fn main() {
    let (sender, receiver) = mpsc::channel();

    // 创建服务器线程
    thread::spawn(move || {
        let server = TcpListener::bind("127.0.0.1:8080").unwrap();
        let (mut conn, _) = server.accept().unwrap();
        let message = get_string(&mut conn);
        println!("服务器收到来自客户端的数据：{}", message);
        conn.write(b"This is server.\0").unwrap();
        sender.send(0).unwrap();
    });

    // 客户端连接数据库
    let mut connection = TcpStream::connect("127.0.0.1:8080").unwrap();
    connection.write(b"Hello, there!\0").unwrap();
    let message = get_string(&mut connection);
    println!("客户端收到来自服务器的数据：{}", message);

    receiver.recv().unwrap();
}
```

程序输出为：

```
服务器收到来自客户端的数据：Hello, there!
客户端收到来自服务器的数据：This is server.
```

除了 accept 方法以外，TcpListener 还有一种更典型的接收连接的方法：

```
fn main() {
    let server = TcpListener::bind("127.0.0.1:8080").unwrap();

    for conn in server.incoming() {
        // 对于每次连接的处理
    }
}
```

相比于 accept 方法，incoming 方法更适用于不断接收连接的情况，它会返回一个可被 for 循环使用的迭代器，使用这个迭代器的 for 循环每次循环的开始都相当于执行了一次 accept 方法，即进入等待状态，直到来自客户端的连接请求到来才开始执行循环体。

27.2 UDP 简介

UDP（User Datagram Protocol）与 TCP 相比要更简单，但更不可靠。

TCP 是建立在稳定通信的基础上的，要先建立连接再进行通信，如果通信发生错误也会反馈给参与通信的相关方面。

UDP 是不需要建立连接的。UDP 发送数据的过程是直接发送，数据从发送端出发后由网络系统传递到接收端。如果中途出现了故障导致接收端无法接收，那发送端也不会有任何反馈（除非是发送端本身出了问题）。

UDP 不是通过流发送数据的，而是通过定长的报文，也就是说在接收数据时，不能像 TcpStream 那样 read 或 write，而是要一次性将数据放入缓冲区中。如果缓冲区大小不够可能会发生错误。

UDP 不存在“服务器”和“客户端”的概念。一个 UDP 套接字必须绑定 IP 地址和端口号之后才能够向他人发送消息或从他人那里接收消息。绑定语法如下：

```
UdpSocket::bind("127.0.0.1:50000")
```

其返回值类型是“Result<UdpSocket>”。

UdpSocket 发送数据到另一个 UDP 套接字的方法是“send_to”：

```
fn main() {
    let socket = UdpSocket::bind("127.0.0.1:50000").unwrap();
    socket.send_to(b"some data", "127.0.0.1:50001").unwrap();
}
```

接收来自其他 UDP 套接字的方法是“recv_from”：

```
fn main() {
    let socket = UdpSocket::bind("127.0.0.1:50000").unwrap();
    // 缓冲区
    let mut buffer = Box::new([0_u8; 65536]);
    let (size, addr) = socket.recv_from(buffer.as_mut()).unwrap();
}
```

如果接收数据的大小大于缓冲区大小会出错。

UdpSocket 还支持预览数据，使用“peek_from”方法实现。“peek_from”方法和“recv_from”方法的使用形式完全一样，但“peek_from”方法使用之后不会将数据从系统的缓冲区中移除，也就是说下次再使用“peek_from”或“recv_from”还是会取出同样的数据。

```
use std::net::UdpSocket;
use std::sync::mpsc;
```

```
use std::thread;

fn get_string(socket: &UdpSocket) -> String {
    let mut buffer = Box::new([0_u8; 65536]);
    let (size, _) = socket.recv_from(buffer.as_mut()).unwrap();
    let binary = Vec::from(&buffer[0..size]);
    String::from_utf8(binary).unwrap()
}

fn main() {
    let (sender, receiver) = mpsc::channel();

    let socket_a = UdpSocket::bind("127.0.0.1:50000").unwrap();
    let socket_b = UdpSocket::bind("127.0.0.1:50001").unwrap();

    // 套接字 A 子线程
    thread::spawn(move || {
        socket_a.send_to(b"This is A", "127.0.0.1:50001").unwrap();
        let message = get_string(&socket_a);
        println!("来自 B 的消息: {}", message);
        sender.send(0).unwrap();
    });

    // 套接字 B
    socket_b.send_to(b"This is B", "127.0.0.1:50000").unwrap();
    let message = get_string(&socket_b);
    println!("来自 A 的消息: {}", message);
    receiver.recv().unwrap();
}
```

程序输出为：

```
来自 A 的消息: This is A
来自 B 的消息: This is B
```

UdpSocket 也具备 connect 方法，但它并不能构建一个像 TCP 那样稳定的连接，它只是为 recv、peek 和 send 方法设置了一个默认的目标而已。

27.3 简易的 HTTP 服务器

HTTP 是在 TCP 基础上提出的，下面是一个高并发 HTTP 服务器：

```
use std::net::TcpListener;
```

```
use std::thread;
use std::io::{Write, Read};

// 生成响应文本
fn make_response() -> String {
    let mut response = String::new();
    response.push_str("HTTP/1.1 200 OK\r\n");
    response.push_str("Server: My Rust Server\r\n");
    response.push_str("Content-Type: text/html\r\n");
    response.push_str("\r\n<!DOCTYPE html>\r\n\r\n");
    response.push_str("<html>");
    response.push_str("<head><meta charset=\"utf-8\"></head>");
    response.push_str("<body><h1>Hello World</h1></body>");
    response.push_str("</html>\r\n");
    response
}

fn main() {
    let http_server = TcpListener::bind("127.0.0.1:80").unwrap();
    for request in http_server.incoming() {
        let mut conn = request.unwrap();
        thread::spawn(move || {
            // 读取请求头
            let mut buffer = [0u8];
            let mut binary = Vec::new();
            let mut mark = 0;
            loop {
                let size = match conn.read(&mut buffer) {
                    Ok(s) => s,
                    Err(_) => { break; }
                };
                if size <= 0 { break; }
                match buffer[0] {
                    b'\r' => if mark == 0 { mark = 1; }
                             else if mark == 2 { mark = 3; },
                    b'\n' => if mark == 1 { mark = 2; }
                             else if mark == 3 { break; },
                    _ => { mark = 0; }
                }
                binary.push(buffer[0]);
            }
            println!("\"{}\"", String::from_utf8(binary).unwrap());
            // 发送响应文档
```

```
            conn.write(make_response().as_bytes()).unwrap();
        });
    }
}
```

程序运行以后可以在浏览器中输入：http://127.0.0.1/ 查看结果。

如果一切正常，结果如图 27-1 所示。

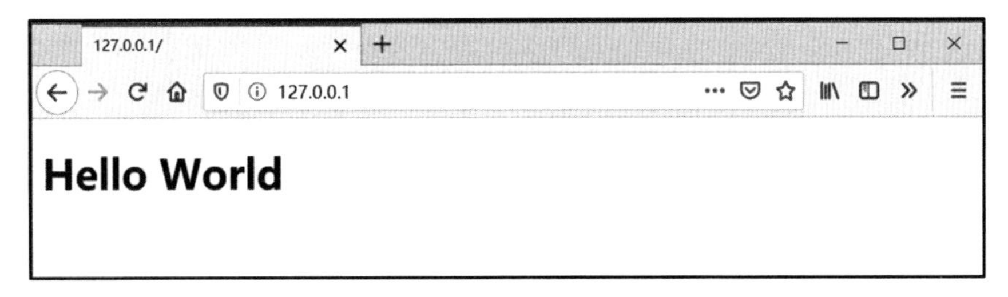

图 27-1 浏览器中查看网页